살아있다는 건

살아있다는 건

내게 살아있음이 무엇인지 가르쳐 준 야생에 대하여

김산하 쓰고 그림

갈라파고스

코로나19 시대에 살아있음에 대하여

어느 날 우리는 완전히 달라진 세상에 눈떴다. 처음에는 아니라고 부정하고 싶었다. 제대로 눈치채지도 못했다. 눈앞에 벌어지고 있는데도, 온갖 매체가 사태의 전개를 시시각각으로 알려주는데도 대수롭지 않게 여겼다. 이러다 지나가겠지. 변화를 숭상하고 변화에 익숙한 우리답게 으레 그렇듯이 '이 또한 지나가리라'라는 주문을 외웠다. 하지만 우리는 몰랐다. 이것은 전혀 다른 변화라는 것을. 한때의 기억으로 남는 것이 아닌, 세상을 송두리째 바꿔놓을 그런 종류의 변화라는 것을 말이다.

눈에 보이지도 않는 바이러스 하나가 문명 전체를 흔들어놓는 것을 우리는 똑똑히 목격했다. 평소에는 바이러스라 해도 '감기 조심하세요!'라는 광고를 볼 때의 예사로움으로 여겼다. 가끔 독한 녀석이 왔다 가기도 했지만, 그건 그저 운 나쁜 몇 사람만의 사정이었고 사회 전체는 그와 전혀 무관하게 굴러갔다. 자연재해나 교통사고처럼 '나'에게는 일어나지 않을 일이라고 굳게 믿었었다. 그런데 웬걸. 나는 물론 온 나라가, 아니 전 세계가 코로나19의 손아귀에 꽉 잡혀 아직도 헤어나질 못하고 있다.

우리가 가장 절절하게 경험한 것은 일상의 상실이다. 무념무상으로 바깥세상에 발을 디뎠던 그 홀가분한 자유. 열린 눈, 코, 입을 공기와 접촉하던 그 자연스러움. 모두 깡그리 사라졌다. 그중 가장 힘든 것은 서로 만날 수 없다는 사실이다. 평생 가족과 친구를 이토록 애써 멀리해야 했던 적이 있었던가. 어쩌면 제일 충격적인 변화는 새로운 만남에 대한 회피인지도 모른다. 우리의 존재 자체, 모두의 가장 기초 사회 단위인 가족이야말로 새로운 만남으로부터 시작된 것이 아니던가. 안전을 위해 그토록 멀리하고자 하는 저 타인은 어쩌면 내 미래의 가족이 될 사람일지 모른다. 하지만 그런 생각을 할 때가 아니란다. 살아남아야 하니까.

살아남아야 한다. 하지만 그것이 전부가 아니라는 것이야말로 이번에 얻은 가장 핵심적인 깨달음이 아닌가. 삼시 세끼 챙겨 먹으며 연명하고 있지만, 이건 정말이지 삶이 아니다. 접하지 않으면서 세상을 산다는 것의 공허함과 불가능성을 우리는 확인하고 있다. 오늘을 무사히 넘기면 내일이 찾아오겠지만 겨우 도달한 그날은 또다시 다음 날로 가는 디딤돌일 뿐이다. 우리에게 필요한 것은 단순한 진행이 아니라 삶의 의미, 즉 의미 있는 삶이다. 그리고 그것은 상호작용으로부터 나온다. 사람 또는 사물과 만나고 서로 겹치고 교차하는 그 과정으로부터 말이다.

이 모든 것을 빼앗아갔다며 우리는 바이러스를 원망한다. 하지만 여기에 가장 큰 역설이 있다. 우리로부터 일상과 만남을 앗아간 건 다름 아닌 우리이기 때문이다. 우리가 먼저 자연 세계의 일상을 빼앗았기에, 동시에 야생동물과 '잘못된 만남'을 가졌기에 초래된 일이다. 코로나19 바이러스가 박쥐에서 천산갑을 거쳐 사람에게까지 오게 된 구체적인 경로가 정확하게 밝혀질 가능성은 거의 없다. 그러나 이것만은 확실하다. 자연 상태에서는 거의 발생할 수 없는 종 간의 만남으로부터 새롭고 무시무시한 질병이 발생한다는 사실, 그리고 그 만남을 폭압적으로 만들어낸 것이 우리라는 사실 말이다.

그 만남은 파괴와 착취에서 비롯된다. 인간은 생물다양성이 높은 열대우림 서식지를 훼손하고 그곳에 살던 야생동물을 포획해 거래함으로써 생태계를 파괴해 산산조각 냈다. 이 중 파괴된 그 자리에서 죽어 소멸하는 조각도 있지만 새로운 환경에서 살길을 찾아 나서는 조각도 있다. 억겁의 세월 동안 생태계 내에서 정교하게 진화하다 갑자기 빗장에서 풀려난 바이러스에겐 우리가 바로 그 새로운 살길이다. 생물 종이 다양한 생태계에서는 잠재적인 숙주 또한 다양하게 존재하고 바이러스가 살기 적합한 정도도 다 다르다. 또한, 바이러스가 여러 생물을 만나게 되므로 그 다양성 속에서 바이러스도 쉽게 확산하지 못한다. 이를 이른바 '숙주희석 효과'라고 부른다. 숙주가 많으면 그 안에서 바이러스의 악성도 어느 정도 희석된다는 의미다.

실제로 생물다양성이 소실되면서 전염병의 발병률이 높아지는 경향이 세계 곳곳에서 관찰된다. 생태계가 온전히 유지된 울창한 숲에 병을 앓다 죽는 생물은 언제나 있지만, 하나의 바이러스가 창궐하여 생물이 대규모로 집단 폐사하는 경우는 드물다. 긴 시간에 걸쳐 한 올 한 올 정성스레 짜인 생태계라는 망 속에서는 질병과 이를 일으키는 병원체 또한 그 세계의 일부이며, 동식물들 또한 그들과 함께 사는 법을 터득하기 때문이다.

박쥐는 이 사태의 원흉으로 손가락질받지만, 사실 그에겐 자신을 숙주로 삼은 바이러스와 오랫동안 공존하는 데 성공한 죄밖에 없다. 잘 살던 녀석들을 탈탈 털어 데리고 나온 죄는 당연히 우리 뭇이다.

　박쥐는 포유류 중 설치류(쥐류) 다음으로 종의 수가 많다. 또한, 큰 무리를 지어 서로 비비고 사는 것을 좋아하는 사회적인 동물이다. 게다가 포유류 중 유일하게 날 수 있으며, 단기간에 원거리를 이동할 수 있다. 포유류에 적응한 바이러스는 같은 포유류 안에서 더욱 쉽게 이동한다. 위의 특징과 조건을 한데 모아 생각하면, 박쥐가 인수공통전염병의 숙주로서 얼마나 강력한 파급력을 미칠 수 있을지 감이 온다. 하지만 박쥐는 동시에 해충을 잡아먹고 씨앗을 퍼뜨리고 꽃가루를 운반하는 중요한 수분 매개자이기도 하다. 우리가 굳이 그들의 서식지를 파헤치고 들어가 들쑤시지만 않으면 마주칠 일도 거의 없다. 서로 밤낮까지 뒤바뀐 마당에 말이다.

　상황은 명약관화다. 내가 살고 싶으면 남도 살게 해주어야 한다. 그것이 이번 코로나19 사태가 인류에게 던져준 가장 중요한 메시지다. 지구를 나눠 쓰고 있는 다른 많은 생물도 그들의 방식에 따라 그들만의 세상을 이루고 살 수 있어야 한다. 인간이 재단하고 통제하는 방식을 따르는 게 아니라, 야생성을 마음껏 발휘하며 풍성하고 찬란하게 자연 세계를 자체 조직해야 한다. 그것을 통째로 삭제하거나 마음대로 해체하는 행동은 반드시 그에 상응하는 결과를 초래한다. 코로나19 사태는 가능한 수많은 결과 중 단 한 가지에 불과하다. 단 한 가지 경우의 수에 이렇게 쩔쩔매면서도 생태계에 대한 근본적 성찰이 없다면 이 위기를 극복할 자격도 가치도 없다.

살아있다는 것은 '그냥 사는 것'으로 그칠 일이 아니다. 생명은 다른 생명을 위해 무언가를 할 때 비로소 살아있음을 완성할 수 있다. 우리가 가장 먼저 해야할 일은 더 많은 생명이 함께 살아갈 수 있도록 하는 일이다. 바이러스의 확산을 방지하기 위해 한 명 한 명의 실천을 강조한 만큼, 이제는 생태 문명을 이룩하는 데 그 모든 개별적 그리고 집합적 에너지와 노력을 투입해야 한다. 그것만이 유일하게 앞으로도 살아있을 길이다.

차 례

살아있다는 건

살아있다는 건, 보통 일이 아니다. 그것은 특별한 일이다. 돌이나 물 같은 무생물을 생각해보라. 물론 모든 사물에는 나름의 신비로움이 깃들어 있다. 하지만 살아있는 존재와 달리 그것들은 아무것도 '겪지' 않는다. 우리가 어떤 일을 겪을때, 그것이 우리에게 미치는 영향이 당장은 눈에 띄지 않을 수 있다. 그러나 사실 그것이 만들어내는 변화는 하나의 우주와도 같이 광대하고 풍요롭다. 살아있다는 건 그런 것이다. 세계 안에 또 다른 세계를 만드는 일이다.

무언가 누리고 경험한다는 건 살아있을 때만 가능한 일이다. 당연한 말이다. 살아있는 동안은 살아있다는 것이 당연하게 여겨진다. 그러나 살아있다는 건 사실 무척 위태로운 일이다. 자칫하면 균형이 깨지고 신체는 손상된다. 또한 지극히 한시적이다. 어느 하루도 생물이 죽지 않는 날은 없다. 하지만 이상하게도 삶에 폭 빠져 살아가고 있을 때는 이런 생각이 전혀 들지 않는다. 살아있다는 건 우리를 대단히 집중하게 만든다. 어쩌면 그래서 살아있다는 게 과연 어떤 것인지 잘 돌아보지 않는지도 모른다. 한발 물러서서 바라보기엔 너무 함몰되기 쉬운 어떤 것. 바로 살아있다는 것이다.

살아있다는 건, 힘겨운 일이기도 하다. 독립하고 처음 혼자 지낼 때 뼈저리게 알게 된다. 밥, 빨래, 청소만으로 하루가 어쩜 이렇게 빨리 가는지. 여행을 가려고 짐을 꾸릴 때 느낀다. 필요한 물건이 왜 이리도 많은지. 사람들이 늘어놓는 이야기를 들으며 새삼 깨닫는다. 다들 얼마나 복잡하고 힘들게, 문제투성이로 살아가는지. 나 자신을 포함해서 말이다.

살아있기 위해 해야 할 일과 충족시켜야 할 조건들을 생각하면 살아있는 게 기적처럼 느껴지기도 한다. 때로 사는 것만으로도 버겁다. 그냥 살아가는 것 자체가 삶의 목표는 아닐 텐데 말이다. 이렇게 생로병사의 애환을 담은 넋두리에는 '살아있다는 건'이라는 말보다 '산다는 건'이라는 표현이 더 잘 어울린다. 둘의 차이는 무엇일까? '산다'는 동사는 삶을 통과한다는 느낌을 준다. 어제에서 오늘을 거쳐 내일로. 긴 과정을 거치는 일이므로 연속적이며 통시적인 관점을 취한다. 때로 그것이 지나치면, 미래를 위해 현재는 감가상각 또는 희생된다. 분명히 언젠가는 도달할 곳을 명시해두고 그것을 바라보며 열심히 살지만, 알고 보면 도달 따위는 없다. 그저 다음 단계만 있을 뿐.

죽음의 문턱에 이르러도 이는 계속된다. 자손을 위해 어떤 조치를 하고 떠나는지가 죽어가는 자의 관건이다. 마지막까지 산다는 게 무엇인지를 보여준 조상님의 모범을 따라 후손들은 묵묵히 같은 길을 걷는다. 산다는 건 그런 거니까.

그렇다면 '살아있다'는 표현은 언제 쓸 수 있을까? 생生의 속성과 특성을 논할 때, 그러니까 살아있지 않은 것에 비해 살아있다는 건 과연 무엇이 어떻게 다른지 논할 때 쓸 수 있다. 그래서 보다 현시적인 관점을 불러일으킨다. 지금 보고 듣고 느끼고 생각하는 게 무엇인지, 그 현재성에 집중한다. 일시적인 것에 치중한다는 뜻은 아니다. 반복되는 일상이나 경험일지라도 그 순간을 어떤 방식으로든 음미한다는 뜻이다. 해치우듯 삶을 지나치지 않고 살아있는 맛을 마음껏 만끽한다는 의미다.

나는 그동안 동물을 관찰하고 연구하면서 그들의 행동으로부터 그들을 이해하려 했다. 쌍안경과 노트를 손에 쥐고, 과학을 등에 업고 숲에 들어갔다. 과학을 렌즈 삼아 동물에게 접근하는 것은 그들의 삶을 가장 체계적이고 합리적으로 탐구하는 방법이다. 겉으로 드러나는 삶의 양태를 기록하고 분석하며 눈에 보이진 않지만 엄연히 존재하는 사냥 전략, 서열 관계, 번식 체계 등을 재구성해내는 것은 과학만으로 가능한 일이다. 과학 덕분에 우리는 동물에 대해 전에 없이 많은 것을 알고 있다. 과학은 동물이 말로 해주지 않는 그들의 이야기를 표현하는 언어다.

하지만 과학은 어디까지나 한 가지 언어다. 동물을 보기 위해 반드시 과학의 안경을 써야만 하는 건 아니다. 어떤 미물일지라도 그것은 하나의 우주라고 할 수 있다. 따라서 어느 하나의 통로로 그 생물을 완전하게 경험할 수는 없다. 무수한 접근법을 동원해도 그 우주는 다 소진될 수 없을 것이다.

우리에게 지식과 자유를 주는 과학에도 아쉬운 것이 있다. 두 가지를 꼽자면 하나는 개별성, 다른 하나는 살아있음에 관한 것이다. 과학은 개체가 갖는 고유함에 대해서는 별로 관심이 없다. 과학은 그래프에 흩뿌려진 여러 개의 점을 모아 거둔 결론에 관심을 둔다. 개별 특징 하나하나에 주목하는 것은 과학이 하는 일이 아니다. 개체로부터 추출한 고유성에서 어떤 보편성을 발견하지 않는 이상, 과학은 고유하고 특별한 개체에 대해 별말이 없다.

또 한 가지. 과학은 살아있는 생물을 관찰하면서도 '살아있음' 자체에는 큰 관심이 없다. 살아있다는 건 연구 대상의 기본 조건이요, 보고자 하는 건 그다음에 벌어지는 일들이기 때문이다. 그러나 과학자로서 생물의 다채로운 삶의 모습은 차치하고 연구에 필요한 변수만을 포착하고 수치화하는 작업이 때로 힘겹고 불편하다. 한 번쯤은 측량 도구를 다 내려놓은 채 생물을 한없이 바라보고만 싶다. 그 어떤 과학 못지않게 살아있음 그 자체로부터 너무나 많은 이야기가 샘솟기 때문이다. 살아있다는 건 무한히 신기하고 재미있고 주목할 만한 일이다. 옳고 그름의 기준을 홀연히 떠나서 말이다.

이 책은 살아있는 것들을 보며 든 생각을 담은 책이다. 살아있다는 것이 무엇인지 규정하거나 정의하려 하지는 않았다. 다양한 생물이 다채로이 사는 모습을 보며 그들이 가장 살아있어 보일 때를 포착하려 했다. 때로는 그 생물의 생물학적, 생태학적 특성에 착안하기도 했고, 때로는 생명의 힘이 빛을 발하는 장면을 그저 직관적으로 거머쥐려고 했다. 책을 쓴 이유는 간단하다. 살아있다는 건 이런 것이구나, 하는 이 그윽한 감동을 타인과 나누고 이를 통해 다시금 어떻게 살아야 할지 함께 배우고 싶었기 때문이다. 그렇다. 살아있다는 건 그것으로부터 배울 게 있다는 의미다.

매일 화면에 눈과 코를 박고, 이어폰으로 귀를 막고, 마스크로 입을 틀어막은 생활 속에서 정말로 살아있음을 느끼는 사람은 아마 없을 것이다. 뭔지 모를 답답함, 거기에 오히려 해답이 있다. 몸과 마음이 말하는 것이다. 이건 사는 게 아니라고. 아니 살아있는 게 아니라고. 그럴 때 잠시 멈춘 채 살아있다는 게 어떤 깃인지 헤아려보면 어떨까. 그것을 몸소 실천하고 있는 많은 생명을 바라보는 것이 어쩌면 하나의 시작이 될 수 있을 것이다.

서울 고척동에서

1장

변하는 계절의
일부가 되기

아침에 일어나 창밖으로 얼굴을 돌린다. 부스스한 눈을 비비며 아무 생각도 않은 채 바깥을 바라본다. 잠의 굴로부터 완전히 기어 나오는 데는 언제나 시간이 걸린다. 밤 동안 모든 걸 잊은 사이에 세상은 어떻게 돌아갔는지 멍한 눈으로 물끄러미 묻는다.

나를 기다리는 온갖 소식들이 있다. 잠시 덮어두기로 한다. 그것들은 실은 전혀 나를 기다리지 않는다. 봐도 그만 안 봐도 그만. 아니면 좀 나중에 답해도 하등의 문제가 안 될 것들이다. 지금 내게 가장 중요한 건 몸을 휘감는 공기와 기운 그리고 하늘의 표정이다. 때로는 평안한 안색, 때로는 날이 선, 또 때로는 하염없이 흘려보내는 얼굴이다.

매일 나보다 훨씬 거대한 체계에 군말 없이 나를 맡긴다는 사실에는 어떤 겸허함이 있다. 날이 맑으면 맑은 것이고, 흐리면 흐린 것이다. 우리끼리 왈가왈부 할 수는 있지만, 저 위를 향해선 할 말이 없다. 그래서 고개를 아래로 향한 채 걷는다. 위에서 무엇을 내려보내든 알겠다는 자세로 말이다. 체제의 전복은 상상할 수도 없는, 숙명으로 받아들인 절대적 종속관계다.

안녕하세요. 아이고, 안녕하십니까. 인사를 건넨 뒤 바로 뒤따르는 이야기는 단연 날씨다. 우리는 날씨와 계절이라는 카드를 매일 꺼내 든다. 오전에 언급하고 오후에 논평한다. 가족과 친구와 동료와 지치지도 않고 똑같은 내용을 주고받는다. 좋으면 좋은 대로 나쁘면 나쁜 대로.

그렇다. 날씨는 우리를 운명공동체로 만들어준다. 아니 그렇다는 사실을 매일 상기시켜준다. 날씨는 젊은이건 노인이건, 부유하건 가난하건, 사람이건 아니건 실은 똑같은 처지에 놓여있음을 보여주는 공평하고 보편적인 자연의 처사다. 대지와 대륙을 가로지르는 기상 현상 아래 다들 그저 막연히 희소식만 기대하는 소박한 존재로 돌아가는 것이다.

인간이 사는 방식을 생각하면 이는 익숙지 않은 일이다. 우리는 자연을 걷어내 그 위를 단단한 물질로 뒤덮고, 높은 상자 같은 걸 다닥다닥 세워 그 안에 들어가 살아간다. 물은 관을 통해 칸마다 공급되고, 음식은 용기와 비닐에 싸여 배달된다. 자연에 속박

되는 모든 거추장스러운 끈을 다 끊고 사는 것처럼 행세하는 인간이 날씨에 이토록 연연한다는 것은 신기한 일이 아닐 수 없다. 이는 역설적으로 우리가 자연의 끈에 단단히 묶여있음을 드러낸다. 인간은 자신을 꽤 독립적인 존재로 여기지만, 여전히 일기에 따라 일희일비하는 의존적 존재다. 그러나 부끄러울 일은 아니다. 대자연에 의존하는 것은 전혀 나쁜 일이 아니니까.

오히려 그것은 지극히 자연스럽고 당연하다. 생명이란 본래 의존이 그 정체성의 핵심이다. 외부 물질 또는 에너지가 투입되어야 비로소 살 수 있는 것이 생물체다. 의존할 외부가 존재하지 않으면, 나도 없는 것이다. 살아있다는 건 외부에 기대어 나를 만들어가는 과정이다. 즉 세상과 나, 둘의 존속을 원하는 것이다.

그러나 인간은 때로 마치 완전한 단독자로서 진공 속에서 살 수 있는 것처럼 군다. 자연의 힘을 늘 거스르려고만 한다. 그럴 때마다 우리는 세상으로부터 한 발짝씩 멀어진다.

인간은 왜 이토록 쾌적하기가 어려운 동물이 되었을까? 적당하다고 느끼는 온습도의 범위를 조금만 벗어나면 부리나케 냉난방기를 켠다. 창밖의 동물과 식물은 나름대로 계절의 변화와 하나가 되어 움직이는데, 나만 혼자 적응하지 못하고 여기서 더위를 식히고 저기서 추위를 피하고 있는 느낌이다. 다 같이 간 여행에서 다들 현지 음식을 즐기는데, 나만 입에 맞지 않아 소화를 못해 쩔쩔매는 꼴이다.

인간은 변하는 주위 온도에 맞춰 체온을 변화시킬 수 없는 정온동물이므로 환경에 맞서야 하는 면이 있는 건 사실이다. 하지만 눈을 들어 비슷한 처지에 놓인 다른 포유류나 조류를 보라. 적정 체온을 유지하기 위해 자연을 반하는 모습은 보이지 않는다. 소박한 보금자리 하나, 매일 걸치고 다니는 외투 하나. 그 정도가 전부다. 평생 단벌 신사로 살아가는 그들이 맵시는 오히려 우리보다 훨씬 뛰어나다.

운송수단을 포함한 모든 생활 및 업무 공간, 채 5분도 머물지 않는 ATM 부스마저 강력한 냉난방으로 채워놓는 우리의 모습과는 사뭇 다르다. 다른 건 몰라도 이를 우리의 본성이라 부르지는 말자. 이렇게까지 심한 강도와 규모로 자연과는 전혀 다른 세상을 만들어 그 안에만 머물고자 하는 성질은 한 번도 어떤 동물의 본성이었던 적 없다.

우리는 너무나 자연과 단절된 채로 산다. 모든 생물과 물질의 순환을 남의 일처럼 여긴지 오래다. 바로 그렇기에 우리 피부에 직접 와닿는 구속력을 발휘하는 기후와 날씨는 자연과 우리를 잇는 몇 안 남은 소중한 끈이다. 아무리 겹겹의 벽을 세우고 철저히 통제한 실내에서만 지내려 해도, 한여름에 속한 이상 여름을 벗어날 수 없고, 한겨울에 파묻힌 이상 겨울에서 도망칠 수 없다.

계절의 일부가 된다는 것. 그것은 생명의 특권이자 의무, 그리고 행복이다. 생태계를 관장하는 가장 기본적이고 근본적인 대자연의 순환원리에 일상생활로서 동참한다는 것이다. 뛰어오르면 곧 다시 내려오리라는 중력의 법칙에 굳건히 의지하며 살 듯, 계절의 변화가 선사하는 다양한 색채와 분위기의 날씨에도 기분 좋게 파묻혀 살아갈 수 있다. 공기, 빛, 물 등 얼마 안 되는 재료를 버무려 이토록 아름답고 찬란하게 색다른 나날을 만들어내는 자연은 아무리 음미하고 감동해도 지루해지지 않는다. 그것을 넋 놓고 바라볼 수 있어서 참으로 다행이다. 모두 살아있기에 가능한 일이다.

계절과 관계없이 늘 씩씩하기

겨울철 아침의 즐거움 중 하나는 눈의 발견이다. 무심코 열어 젖힌 커튼 사이로 짜잔 등장하는 그 예상치 못한 새하얀 장면이 란! 어제까지만 해도 칙칙하던 저 익숙한 바깥 풍경이 저토록 깨 끗하게 뒤덮인 모습은 보면서도 믿기 어렵다. 와 눈이다! 밤새 눈 이 왔나 보네. 세상이 여전히 아름다워질 수 있다는 가능성을 순 간적으로나마 인정하게 되는 광경이다. 그 변신이 너무도 전격적 이고 완전하여 아무리 무딘 사람이라도 나름의 감상 없이 그냥 넘 어갈 수는 없다. 겉으로 아무렇지 않은 척할지라도.

그러나 감상도 잠시, 어른이라는 사람들은 쌓인 눈을 치우려 달려든다. 웬만큼 일찍 일어나지 않으면 눈을 제대로 구경하지도 못한다. 부지런하게 등장한 삽과 빗자루 들이 저 한 폭의 그림을 금세 쓸고 치워버리니까. 그걸 치워야지 그럼 두냐고? 글쎄, 치우는 데가 있으면 그냥 쌓이는 데도 있어야 하는데 후자는 잘 보이지 않아서 하는 말이다. 하늘에서는 열심히 뿌려대는데 정작 밑에서는 내리는 족족 없애기 바쁜 상황, 조화롭게 잘 굴러가는 인상은 아니다.

눈도 그렇지만 비가 오거나 바람이 심하게 불면 거리는 한산해진다. 바깥 활동을 하기에 다소 불편한 날씨이기도 하지만 그런 날이면 마음도 왠지 더 작아지는 듯하다. 집 안에 웅크리고 있을 좋은 구실을 만났으므로 하나둘씩 일찍 귀가한다. 처음부터 아예 문밖을 나서지 않은 이도 상당수다. 뜨뜻한 방바닥에 누워 이것저것 들춰보다가 때가 되면 배를 채운다. 이렇게 지내라고 있는 날들 아닌가? 날씨가 궂을수록 집에서 한 발짝도 나오지 않는 사람들에게 음식을 대령하느라 배달하는 분들만 더 고생이다.

야외의 모진 날씨와 대비되는 실내의 아늑함 속에 파묻혀 있다 문득 창밖으로 눈을 돌려본다. 왜일까? 볼 일이 있는 것도, 볼거리를 찾으려는 것도 아니지만, 사람이란 이따금 바깥을 바라봐야 하는 희한한 존재다. 그래서 바깥 경관이 아무리 볼품없더라도 창문이 있는 방과 없는 방은 하늘과 땅 차이다. 선택권이 주어진다면 아무도 후자를 원하지 않는다. 내가 지금 몸담은 이 공간, 그 공간이 몸담은 곳은 어디인지를 우리는 본능적으로 알고자 한다.

푸드덕. 하늘에서 내리는 눈, 사방에서 휘몰아치는 바람과는 전혀 다른 움직임이 눈에 띈다. 새가 날고 있다. 궂은 날씨에도 불구하고 날갯짓이 힘차다. 이 나무에서 저 나무로, 착지한 나뭇가지는 미세하게 눈가루를 털어 흘린다. 그리고 들리는 우렁찬 울음소리. 쨱! 쨱! 누구를 부르는 외침인지, 불특정 다수를 향한 선언인지 모르지만 한 가지는 분명하다. 오늘도 다른 날과 다름없이 제할 일을 하고 있다는 것. 당당하고 위엄 있게 사는 그 일을.

모진 날씨를 피해 사람들이 꼭꼭 숨은 세상에서 당당한 자태를 뽐내는 동물로 우리가 가장 쉽게 볼 수 있는 동물은 까치다. 아직 번식기가 오려면 좀 더 기다려야 하지만, 이들은 나무 꼭대기에서 꼬리를 까딱거리며 우렁차게 쨱쨱거린다. 힘찬 목소리로 이곳이 내 영역임을 알리는 것이다. 이는 까치의 전형적인 행동으로 '트리 토핑'tree-topping(나무 꼭대기에 올라 신호하기)이라 부른다. 까치는 강추위에도 순찰을 게을리하지 않기에 때로는 그 작은 부리에서 옅은 입김이 보이기도 한다. 아직 눈이 녹지 않았는데도 벌써 가지를 모아 둥지를 짓기 시작하는 녀석도 보인다.

겨울철에도 그 씩씩함이 유난히 눈에 띄는 또 다른 새로 내가 꼽는 것은 어치와 상모솔새다. 둘 다 도심이나 민가에서 볼 수 있어서이기도 하지만, 그보다는 이들의 활달한 기운과 우아한 멋이 그야말로 눈을 사로잡기 때문이다. 적갈색, 회갈색, 황갈색으로 어우러진 몸은 마치 고급 코트를 걸치고 있는 듯한데, 움직임에 따라 아주 살짝 비치는 푸른색의 날개깃은 정말 일품이다. 어치는 어쩌면 흔한 것에 비해 가장 잘 알려지지 않은 새라 할 수 있다. 탐조가들은 평범하다고 무시하는, 그러나 일반인에게 보여주면 누구나 감탄해 마지않는 그런 동물이다. 특히 한겨울에는 땅에 묻어놓은 도토리 등 식량을 되찾으러 나오는데, 그 품새에서는 잠시 공원을 산책 나온 여유로움마저 풍긴다. 적어도 입을 벌리기 전까지는 말이다. 우아한 외모와는 딴판으로, 어치는 거칠게 째지는 목소리를 갖고 있다.

상모솔새는 어치와 전혀 다른 매력을 선사한다. 몸무게 약 5그램, 길이는 10센티미터도 채 안 되는 우리나라에서 가장 작은 이 새는 날씨가 어떻든 한결같이 분주하다. 겨울잠을 자며 겨울을 나는 동물들과는 달리 겨우내 정상 체온을 유지하기 때문에 계속해서 먹이를 찾아야 하기 때문이다. 어찌나 열심인지 채 2초도 가만히 있는 법이 없이 얼어있는 애벌레를 찾느라 바쁘다. 이렇게 열과 성을 다하여 모은 에너지를 밤에 사용하고 다음 날 같은 일과를

반복한다. 머리 위에 노란색 털이 있다고 해서 상모象毛라는 이름
이 붙은 이 작디작은 새가 사는 법을 보노라면 내 생활을 돌아보
지 않을 수 없게 된다.

새들을 보고 있자면 절로 이런 생각이 든다. 저들은 추위나 비
바람 따위는 아랑곳하지 않는 걸까? 이렇게 보기만 해도 시린데.
날씨가 너무 안 좋으면 일단 어디선가 추위를 피한 뒤 나중에 사
정이 나아지면 나오는 게 낫지 않을까. 이런 상황에서조차 살던
대로 꼿꼿하게 사는 모습은 심지어는 고지식하게 느껴진다. 동물
의 고지식함. 어쩌면 그것이 동물의 일관된 특성인지도 모른다. 우
직하게, 의심과 주저 없이 삶을 살아가는 것 말이다.

그들은 전혀 깨닫지 못하는 거처럼 보인다. 이 세상이 얼마나
변화무쌍한지. 제아무리 변화에 느린 사람일지라도 동물에 비하
면 너무나도 유연하고 사회 흐름에 민감한 얼리어답터라고 할 수
있다. 첨단기술이 일상이 된 우리는 멀쩡하게 잘 쓰고 있는 것들
도 새로 업데이트가 필요하다고 난리인데, 동물은 태어날 때부터
지녔던 소박한 도구 몇 가지로 언제나 똑같은 접근법을 시도한다.
주야장천 부리로 바닥을 뒤지고, 또는 그저 돌아다니면서 먹을 것
을 찾는다. 물론 이 전략은 나름의 목표를 달성하기도 하고 때로
엄청난 효과를 발휘하기도 한다.. 이들의 성능이 우리에게 뒤처진

다는 뜻이 아니다. 다만 이들은 기본적으로 그들이 가진 연장을 획획 바꿔가며 살진 않는다는 뜻이다. 주어진 게 무엇이든 그것으로 세상과 직면한다.

반면 집이라는 곳에 사는 우리는 '피하기'를 좋아한다. 우리는 불을 발견하고 굴에 들어가 살던 털 없는 영장류의 후예답게 어떻게든 아늑함을 만들어내고 이를 탐닉한다. 실내와 야외의 구분을 탄생시킨 공로가 거기에 있다. 동물도 집이 있지 않냐고? 그들의 것은 전혀 다르다. 대부분은 새끼를 기를 때에만 한시적으로 사용한다. 굴을 파서 사는 종들은 그나마 인간과 유사한 집 개념이 있다고 할 수 있겠지만 그 어떤 굴도 대문을 꼭 닫게끔 만들어진 것은 없다. 누구든 들어올 수 있다. 무단 진입으로 안에서 벌어질 사태를 감수한다면 말이다. 말하자면 '밖과 늘 연결된 안'이라고 할 수 있다. 게다가 겨울잠을 예외로 친다면, 온종일 굴속에 늘어져 지내는 동물은 없다. 매일 매우 긴 시간을 밖에서 보내며 그날그날의 먹거리를 스스로 조달하느라 분주하고 열심히 움직인다. 그들에게 집은 그야말로 은신처다. 위락이나 취미 활동으로 시간을 보내는 곳과는 거리가 무척 멀다.

삶의 현장은 야외다. 아니, 어차피 그들에겐 실내가 없으므로 야외가 아닌 그냥 '세상'이라 해야 할 것이다. 그들의 삶의 현장은 한두 군데가 아니라 사방이 탁 트인 열린 시스템이다. 물질과 생명이 마구 왕래하고 어디든 만물 공통의 공간인 그 세상에서 완전히 마음을 놓을 수 있는 '나만의 보금자리'라는 것은 없다. 있다 하더라도 잠시 머물 수 있을 뿐. 언제든지 예고도 없이 쫓겨날 수 있다. 그래서 이렇게 불확정적이고 모진 자연의 장에서 살기 위해서는 한 가지 기본자세가 요구된다. 씩씩하게 사는 것.

씩씩함. 참 좋은 단어인데도 잘 사용하지 않는다. 글자의 음가와 생김새마저 개성적이다. 하지만 마치 어린 아이일 때만 잠깐 쓰고 바로 졸업해야 하는 어휘인 것처럼 어른들은 입에 잘 올리지 않는다. 원인인지 결과인지 어른들은 대부분 씩씩하지 못하다. 그들은 창밖을 잘 바라보지 않는다. 본다 한들 봐야 할 것을 잘 보지 못한다.

'씩씩하다'는 말 앞에는 '주어진 조건과 상관없이'라는 수식어가 생략되어 있다. 상황이 유리할 때만 씩씩하다면 씩씩하다고 할 수 없을 것이다. 비바람이 불건, 눈보라가 몰아치건, 뙤약볕이 내리쬐건 늘 해오던 대로 서슴없이 사는 것. 아마 이것이 씩씩하게 산다는 것의 의미일 것이다. 그리고 이것이 계통과 생태가 다른 이 세상 모든 생물이 공유하는 단 하나의 기본 생활 자세다. 자연은 씩씩한 삶 외에는 허락하지 않기 때문이다.

날씨와 계절의 변화로 인해 움츠러들 때, 바깥세상의 풍파에 맞설 자신이 점점 없어질 때 눈을 들어 창문 밖을 바라보자. 누구에게도 그 무엇도 증명하려는 것 없이 귀감이 되는 삶을 사는 생명을 목격하게 될 지 모른다. 계절과 관계없이 늘 씩씩한.

봄의 꿈틀거림에 동참하기

황량하기만 했던 세상이 갑자기 조금씩 꿈틀댄다. 식물이 먼저 물꼬를 튼다. 가을에 잎이 떨어진 자리에 생겼던 겨울눈이 갈라지기 시작한다. 겨울눈은 겨울에는 털외투처럼 두텁게 돋아나 식물을 추위로부터 보호한다. 그리고 날이 따뜻해지면 식물이 바로 영양 활동에 돌입할 수 있도록 끝이 갈라진다. 놀랍게 고안된 기관이 아닐 수 없다. 날이 따뜻해져 겨울눈이 열리면 야들야들한 새싹이 올라온다. 갈라진 겨울눈은 바로 땅으로 떨어지지 않고 새싹을 보호한다.

가장 먼저 봄을 반긴다는 매화는 불그스레한 겨울눈이 터지면서 여러 겹의 꽃잎을 피워낸다. 이 순간이 올 때까지 저 겹겹의 꽃잎이 어떻게 한데 접혀 기다렸을까 신기하기만 하다. 꽃을 품은 채 솜털로 뒤덮인 목련의 커다란 겨울눈은 동물과 식물 간의 경계를 모호하게 만들어줄 만큼 오묘하다. 버드나무는 녹음으로 봄을 알린다. 습지의 가장자리에 자라며 물을 많이 흡수하기 때문에 누구보다 먼저 새싹을 틔운다.

모두가 사라진 듯했던 황량한 공간을 식물들이 싱그럽게 바꿔놓으면 이제 동물들이 하나둘씩 무대에 올라선다. 먼저 낙엽 뒤나 나무 틈 사이에 오랫동안 숨어있던 나비와 나방 애벌레들이 꿈틀거리기 시작한다. 나무 밑동의 구멍에 있던 노린재와 빈 조릿대 속에 겨울을 났던 하늘소도 달라진 공기의 내음을 포착한다. 한기에 취약해 보이는 얇은 피부를 가진 개구리의 출현이야말로 생명의 재가동을 가장 잘 보여주는 장면이다. 개구리가 나온다는 경칩은 놀랄 경驚과 벌레 칩蟄 자를 쓰는데, 곤충이 동면에서 깨어나는 날을 의미한다. 겨울잠에서 가장 먼저 깨는 산개구리가 벌써 낳은 알이 계곡 물속에 고요히 모여있다. 하늘에서는 봄의 전령인 제비가 창공을 가른다. 먼 남쪽의 열대지방에서 겨울을 나고서 요맘때쯤 번식할 곳을 찾아온 것이다. 봄의 따뜻함이 몸에 밴 듯한 매력적인 적갈색의 딱새와 곤줄박이 등 텃새들도 부산스럽다.

기다려본 사람만이 안다. 기다림의 시간이 얼마나 장구한지.

믿을 수 없이 요원한지. 때가 되면 온다는 것을 머리로는 알고 있다. 그런데도 이상하게 믿음이 가지 않는다. 너무 애타고 절실하게 고대한 나머지 어쩌면 안 올지도 모른다는 불안감마저 드는 것이다.

과연 봄이 오긴 올까?

유난히 어둡고, 혹독한 겨울의 한중간에 파묻혀 있으면 드는 생각이다. 그 차가운 손아귀의 악력이 너무 강해 도저히 빠져나올 수 없으리라는 우려가 사실이 되어가는 느낌. 그렇게 긴 겨울이 한 차례 찾아왔던 적이 있다. 오죽 겨울의 끝이 안 보였으면 나는 계절의 순환이 멈추었노라고 선언하기에 이르렀다. 물론 장난스레 뱉은 말이었지만, 순전히 농담이기만 한 것은 아니었다. 어쩌면 봄이 오지 않을 수도 있다는 가능성을, 그 말도 안 되는 가능성을 조금은 인정하며 내뱉은 말이었다. 우습게 들린다는 것, 나도 잘 안다. 어쩌면 지구가 납작할 수도 있다고 말하는 꼴이니까. 오죽했으면 여기서 이런 창피한 고백을 늘어놓겠는가. 그만큼이나 내 기다림이 절절했다는 것을 말하고 싶은 것이다.

그러던 어느 날 봄은 왔다. 오고야 말았다. 마치 잠에서 막 깬 듯 어리둥절한 눈을 비비며 바라본 세상은 몰라보게 달라져 있었다. 세상에 이런 일이. 싸늘했던 공기는 한껏 온화해지고, 앙상하기만 했던 나뭇가지들은 거짓말처럼 싹을 틔우려 하고 있었다. 충격적인 장면을 마주하는 순간 우리는 으레 믿을 수 없다고 느낀다. 아냐 아닐 거야. 일시적으로 그런 거겠지. 곧 원상복구될 게 틀림없어. 저 나무 혼자 유별나게 김칫국 마시는 걸 거야. 하지만 곧 쏟아지는 데이터를 감당하지 못하고 인정하고 만다. 그토록 원했기에 눈앞에 벌어지는 걸 보면서도 부정했던 것을. 봄을.

겨울에서 봄으로 건너오는 계절의 전환만큼 극적인 게 또 있을까? 봄이 여름, 여름이 가을, 가을이 겨울이 될 때의 변화 폭은 비교적 적다. 한 단계가 다음 단계로 자연스럽게 스며드는 연속적인 과정은 물론 아름답고 흥미롭지만, 그 놀라움이 괄목할 만한 수준은 아니다. 그에 반해 봄의 핵심은 바로 이 놀라움이다. 다 죽은 줄로만 알았던 곳에서 뭔가가 움튼다. 꿈틀거린다. 모두 떠난 줄만 알았는데 실은 아무도 자리를 뜨질 않았다. 또는 갔더라도 돌아왔다. 약속이라도 한 듯 한꺼번에 다시 시작한다. 생명의 재가동을. 이것은 기적이다. 기적 비슷한 것이 아니라, 이게 바로 기적이다. 매번 보면서도 믿을 수 없는, 형언할 수 없이 찬란한 우주의 반전이다.

이젠 익숙해질 법도 한데 그렇지 않다. 몇 번이고 맞이할 때마다 한 번도 기대를 저버리지 않은 채 그 변신은 눈부시다. 매번 어김없이 무에서 유가 탄생하는 이 주기적 현상이야말로 생의 진면목이다. 그저 보기 좋다는, 뒷짐 진 채 내뱉는 감상평이 아니다. 하나의 생명으로서 봄을 완전히 알아보고 이해하는 일이다. 그렇기에 살아있는 존재는 단순히 구경꾼으로 머물 수가 없다. 사방에서 터지는 꽃망울의 생기는 사방에만 있는 것이 아니다. 내 안에서도 똑같은 아지랑이가 피어오르고 있다. 나비와 개나리 못지않게 나도 봄으로 차오르는 생기의 현현이다.

아, 살뜰한 봄은 나조차 빼놓지 않고 챙기는구나. 우울하든, 준비가 안 되어있든 상관없다. 봄의 햇살과 온기가 닿는 순간 나는 일어난다. 그 어떤 어려운 형편에 처한 벌레도 공평하고 온전하게 봄의 부름을 받는다. 그 반가운 초대장을 열어 생명의 시간이 정식으로 도래했음을 알게 되면 누구든 기꺼이 외출을 준비한다. 소박한 멋과 기운을 입은 채로 나선다. 돌 틈에서, 썩은 나무 속에서, 이끼 사이로 난 현관문을 나서자마자 잡아먹힐지도 모른다. 모든 생물이 잠에서 깨는 봄에는 말 그대로 모두가 문밖을 나서게 되니까. 그러나 그것도 엄연한 자연의 섭리다. 죽을 때 죽더라도 봄의 노래를 흔쾌히 흥얼거리다 가는 거다.

살아있다는 건, 너나 할 것 없이 봄에 동참하는 일이다. 모두가 한꺼번에 뛰어들어도 전혀 갑갑하지 않은, 참여하는 이가 늘수록 더욱 빛을 발하는 지구상의 유일한 축제. 그것은 봄이다. 여기서 말하는 봄은 지구 자전축이 기울어져 생기는 지구과학적 현상만을 말하는 것은 아니다. 생물이 전혀 존재하지 않는 봄도 상상해볼 수 있다. 평소보다 조금 더 따뜻한 달이 이와 비슷할 것이다. 그러나 달이 따스해서 뭐 하나. 온기를 느낄 감각신경을 가진 생명이 없는데. 생명이 없는 곳에 봄의 개념을 억지로 갖다 붙이면, 도리어 봄이 얼마나 생명력으로 강하게 충전되어 있는지 깨닫게 된다. 그래서 봄은 그 무엇보다 살아나는 계절의 의미를 담고 있다.

봄은 만물의, 만물에 의한, 만물을 위한 시간이다. 가장 포괄적이고 가장 깨알 같은 의미에서 말이다. 기분이 나지 않는다고? 취업도 안 된 판에 무슨 봄이냐고? 잠시 창문을 열어 바깥으로 머리를 내밀어보라. 지금과는 다른 것들이 보일 것이다. 어렵게 겨울을 난 뒤, 이제 팔을 걷어붙이고 일과를 시작한 생명의 총체를 가슴 깊이 들이켜보자. 그래도 동참하고픈 마음이 동하지 않는지. 이르게도 일어난 녀석들. 아침잠이 없는지, 아예 잠이라곤 안 자는지, 하여간 이길 수가 없다. 어찌나 다들 저렇게 살아있음을 뽐내는지.

전혀 다른 종의 수많은 생물이 집단으로 기지개를 켜는 이 현상으로부터 나는 다른 맥락에서는 찾아볼 수 없는 동질감과 유대

감을 느낀다. 서로 먹고 먹히고, 쫓고 쫓기지만 이렇게 봄이라는 출발선에 함께 선 것이 한없이 신비롭고 유쾌하기만 하다. 우리 각자의 자그마한 육신에 똑같이 싱그러운 기운이 퍼지고, 근원적인 생의 희망에 마음이 한결같이 부풀어 오르고 있다는 사실이 감동적이다.

갓 핀 개나리에서 눈을 뗄 수 없는 건 단순히 노란 꽃잎이 예쁘기 때문이 아니다. 그 꽃이 세상과 나의 봄으로 당장 뛰어들고 싶게 하기 때문이다. 봄이 오면 그 봄을 사는 방법은 단 한 가지. 그에 동참하는 길뿐이다.

추울 땐 그저 평화롭게 잠들고 싶을 뿐

학창시절에 거쳤던 그 수많은 수업 시간. 그중 얼마라도 졸다가 지적받아 본 적 없는 사람은 아마 없을 것이다. 제아무리 모범생이라도 점심시간 다음 수업에 식곤증과 사투를 벌이다 결국 무릎을 꿇은 경험 정도는 있으리라. 물론 이 정도는 양반이다. 첫 시간부터 종례까지 거의 눈 뜬 상태를 볼 수 없는 친구들도 더러 있었다. 교탁에 선 선생님은 대놓고 자는 학생을 두고 한마디 하지 않을 수 없다. 물론 일어나라는 명령을 받은 자는 괴롭다. 정말? 이렇게 잠이 쏟아지는데. 그냥 좀 자면 안 될까?

그러나 조는 학생이 혼나야 하는 이유는 그렇게 당연하지 않다. 수업 내용을 듣지 않고 있다는 지적은 옳으나 뭐니 뭐니 해도 자연스러운 생리 현상이 아닌가? 어차피 천금 같은 눈꺼풀을 억지로 들어 올려봤자 내용이 제대로 머리에 남는 것도 아니다. 하품이나 트림, 방귀나 재채기처럼 그저 어쩔 수 없는 것으로 치고 다 같이 허용하기로 합의하면 오죽이나 좋을까? 지금 이 순간에도 전국 방방곡곡 교실마다 누군가가 억지로 잠에서 끌려 나오고 있다. 저기, 일어나라! 일어나! 달콤하게 두둥실 떠있던 구름이 탁 터지고 꿈나라의 여행자는 괴로운 현실의 심판대로 거칠게 내몰린 죄수가 된다. 아, 잘 자고 있었는데.

　잠의 세계에서 현실로 돌아오는 경험은 웬만해선 썩 유쾌하지 않다. 어떤 불분명한 아늑함의 안개에 행복하게 휩싸여 있다가, 물리학 법칙과 사회 규율이 칼같이 적용되는 명징한 대낮 한복판으로 던져지는 느낌이다. 물론 충분히 긴 시간 동안 숙면한 뒤 따스한 자연광을 받으며 깨는 경우는 다를 것이다. 하지만 요즘 그 누가 그런 호사를 누리는가? 수면의 질을 떠나 아무렇게나 잠만 좀 자도 감사할 판이다. 대부분 잠이라는 태평성대는 갑작스러운 침투로 인해 순식간에 허물어진다. 이렇듯 잠의 완료가 아닌 잠의 파괴로 시작되기에 아침이 전혀 싱그럽지 않다.

　깨어있기를 강요하는 세상에서 잠에는 어느덧 윤리적 판단이 뒤따르게 됐다. 강연이나 회의장에서, 혹은 공연장에서 티 나게 잠을 청하다 알게 모르게 손가락질을 당하는 경우 그 얼마나 많은가? 집중해야 할 대상을 외면하고 혼자 속 편하게 자버리는 행동을 정당화하려는 것은 아니다. 다만 사회 전반에서 잠을 게으른 것, 잘못된 것으로 평가하고 있고, 잠의 가치를 제대로 존중하고 있지 않다는 점을 이야기하고 싶다. 어렸을 때는 몰랐지만 훗날 보니 섬뜩하게 다가온 동요가 생각난다. "잠꾸러기 없는 나라, 우리나라 좋은 나라!" 정말일까? 한 사람도 빠짐없이 모두가 말똥말똥한 그런 세상이 좋은 곳일까? 다른 사람은 몰라도 나는 그곳에서 제발 빼주길.

잠의 가장 아름다운 속성은 세상에 아무런 부담을 주지 않는다는 것이다. 잠은 약간의 공기를 제외하면 그 어떤 자원을 요구하지도 소모하지 않는다. 물론 진작 비축해둔 에너지를 천천히 쓰는 시간이긴 하다. 몸에 축적한 '도시락'이 다 동나면 다시 먹을거리를 찾기 위해 부스스한 몸을 일으켜야 한다. 하지만 살아있는 생명체가 가장 무해한 존재일 때는, 그러니까 세상과 조금의 대결구도도 없이 있는 그대로 존재할 때는 잠들었을 때뿐이다. 드르릉 드르릉 코 고는 소리 때문에 옆 사람을 시끄럽게 하고, 자면서 온 동네를 돌아다니는 특이한 사례도 있지만, 아무리 사납고 거친 이도 잘 때만큼은 깨어있을 때보다 평온하고 얌전하다.

잠이란 건 특별하다. 살고 있지만 살아있지 않은 것만 같다. 축 늘어진 채 건드려도 나 몰라라 한다. 그래서 죽음을 영원한 잠으로 표현하기도 한다. 잠든 이에게 깨어있을 때의 요란함, 서두름, 소란스러움 따위는 없다. 그러니까 우리가 평소 선망하는 모든 특성, 매사에 느긋하고 침착하고 마음의 평정을 유지하는 때는 모두 잠잘 때 또는 졸릴 때다.

힘 빼, 긴장 풀어. 현대인에게 매일 주어지는 주문이지만 실천하기는 힘들다. 온종일 정신 사납게 보내다 하루가 저물 때쯤 잠과 가까워지면서 겨우 원했던 모습에 가까워진다. 평소에도 이렇게 세상으로부터 한발 물러서 있을 수 있다면 얼마나 좋을까? 내 성격이 잠을 닮을 수 있다면 나쁠 것 하나 없으리라.

잠의 또 다른 멋은 그것의 생태 효율성에 있다. 최소한의 자원과 에너지로 최대한의 효용을 누리는 것으로 잠보다 나은 게 없다. 멀쩡한 정신으로 사람들이 살아가는 방식을 보라! 엄청난 양의 식사와 그보다 더 많이 남겨서 버리는 음식, 이동할 때는 물론 운행하지 않을 때도 버젓이 태우는 연료, 연중 난방 또는 냉방이 가동되는 집과 사무실, 한순간을 위해 취하고 버리는 온갖 아까운 종이, 철, 유리, 플라스틱, 그리고 말 그대로 물 쓰듯 쓰는 물. 이 모든 소모가 잠시 중단되는 평화로운 시간, 지구가 인간의 뒷바라지를 하느라 허리가 끊어질 지경을 겨우 모면하는 때, 바로 잠의 시간이다. (물론 냉난방기, TV, 컴퓨터 등 온갖 전자기기는 다 켜놓은 채 자버리는 아무개까지 포함하는 것은 아니다.)

개미와 베짱이의 이야기에 익숙한 우리에겐 위의 얘기처럼 얼토당토않은 것은 없다. 다른 건 몰라도 게으름에 대한 찬양만은 다양성을 받드는 현대 사회도 허용할 수 없는 영역이니 말이다. 하지만 노래하며 살던 베짱이가 세상에 어떤 피해를 끼쳤나. 그는 단지 개미네 문을 두드리며 양식을 약간 요청한 것뿐이다. 뒷문으로 들어가 훔친 것도 아니요, 달라고 떼를 쓴 것도 아니다. 설령 거절당해 굶는다 해도 베짱이는 남 탓도 하지 않을 것이다. 그냥 조용히 생을 마감하는 수순을 밟거나, 다른 동물들처럼 굴에 들어갈 생각을 하게 될 것이다. 굴에 왜 들어가냐고? 허허 당연한 것 아닌가. 잠을 자러 가는 거지.

특히 한파와 눈보라가 몰아치는 겨울철이 찾아오면 생명은 무의식적으로 스위치를 끄는 것을 생각한다. 살아있음을 마음껏 뽐내고 증명하는 온화한 계절에는 그렇게 사는 것이 맞고, 상대적으로 생명이 살기 어려운 쌀쌀한 계절에는 경제적인 상태로 전환하는 게 맞다. 그렇다. 가장 경제적으로 계절과 조응하는 것이 잠의 전략이다. 심박수도 낮추고 체온도 내리고 전체적으로 차분하게 가라앉히는 거다. 자다가 금방 깨면 낭패니 그전에 털도 좀 길러놓고 지방층도 좀 쌓아둔다. 어둡고 아늑한 곳에 스스로를 난로 삼아 웅크리고 나면 세상에 부러운 것도 필요한 것도 없다. 세상에 영원한 이별을 고하는 건 아니다. 아예 떠나는 게 아니니까. 요 어려운 시기만 좀 지나고 나면 그리운 가족과 친구들도 또 만나고, 맛있는 것들도 찾아 나서는 거다. 미래를 기약할 수 있으면서 동시에 대세를 억지로 거스르지 않는 방법. 얼마나 좋은가.

찬 기운이 몸과 마음을 무겁게 내리누르는 날엔 어딘가에 그저 콕 박히고 싶은 그 본능을 두말 말고 따르라. 알고 보면 나는 물론 세상에게도 전혀 나쁘지 않은 일이니 말이다. 살아있다는 건, 추울 땐 그저 평화롭게 잠들고 싶을 뿐인 것이니까.

비본질주의와 작별하기

인생이란 그저 통과하기 위해 있는 것인가? 문득 이런 생각이 들 때가 있다. 사실 제법 자주 하는 생각이다. 아침에 눈을 뜨면 씻고 준비해 나갈 생각부터 하고, 뭐 좀 하다 보면 곧 식사를 어떻게 해결하나 궁리 중이다. 한 끼니를 때우고 나면 순식간에 찾아오는 다음 끼니의 고민. 특히 혼자 살 때는 밥만 하다 하루가 다 가는 것만 같다. 대학 입학만 바라보며 학창 시절을 다 보냈는데 졸업, 취업, 결혼이 줄줄이 기다리고 있고, 겨우 다 통과하고 숨 좀 고를라치면 바로 노후 대비가 필요하다고 난리다.

그럼 나는 묻는다. 다 좋은데; 그럼 삶은 언제 사나요, 다 살려고 하는 일 아닌가요. 물론 속으로만 묻는다. 통과하느라 바쁜데 이런 팔자 좋은 이야기를 할 여유가 있겠는가. 다음 단계를 준비해야지.

미래를 내다보고 그에 따라 계획을 세우는 건 인간의 고유한 속성이 아니다. 뇌를 들여다보기 전까진 확신하기 어렵지만, 동물의 행동을 관찰해보면 그들 또한 당장 눈앞에 보이지 않는 일일지라도 예견하고 움직인다는 사실을 알 수 있다. 들판 저편에 핀 특정한 꽃을 기억하고 그것을 향해 날아가는 벌부터, 수천 킬로미터 떨어진 월동지로 방향을 맞춰 장거리 이주를 하는 철새들까지 그 양상은 다양하다. 실제로 얼마나 계획성을 갖춘 행동인지는 가늠하기 어렵지만, 동물이 나중을 위해 먹이를 여기저기 묻어두는 사례는 무척 흔하다. 그러니까 인간만이 아니라 동물들도 지금을 위해 모든 것을 걸지는 않는다. 한 치 앞도 내다보지 않고 사는 생물은 드물다는 사실에서, 인생을 통과하듯 사는 우리의 모습이 아주 예외적인 것은 아니라는 위안을 얻을 수도 있다.

하지만 정도가 있다. 지나치게 멀리까지 내다보려 하는 인간의 경향은 자연계에 없는 현상이다. 10년 뒤의 결혼을 위해 지금부터 의식적으로 전략을 세우고 단계를 밟는 생물은 인간 외에는 어디에도 없다. 초등학생 때부터 특정 전문직이 되겠다는 장래희망을

정하고 (보통 아이보다는 부모가 주도해서) 유년기부터 장년기까지의 목표를 계획표에 촘촘히 새겨놓는 이들도 있다. 그게 무슨 재미인지 모르겠다. 내일을 위해 오늘을 쓰는 인생 로드맵이 가득 그려져 있다는 것이. 야생동물이 세우는 계획은 이에 비견도 되지 않는다. 며칠 또는 몇 주, 그 이상도 있을 수 있겠지만 증명은 거의 불가능하다. 어찌 됐건 우리가 현재를 살아감에 있어서 미래를 반영하는 정도가 유난스러운 편이라는 것만은 사실이다.

계획을 세우려면 우선 목표가 있어야 한다. 당연한 사실을 굳이 짚은 이유는 다음 질문을 던지기 위해서다. 살아보지도 않고 어떻게 목표를 세울 수 있을까? 특히 한창 새파랄 때 세우는 장기 목표는 여행지를 고르기도 전에 만드는 일정표와 같다. 삶은 이런저런 경험을 토대로 이런저런 정보를 모으는 과정일진데, 일찍이 모아놓은 정보만으로 결론을 짓기에 충분하다고 생각한다면 세상을 너무 얕잡아보는 게 아닌지. 다른 동물들은 바로 이 때문에 너무 먼 계획은 세우지 않고 살아가는지 모른다. 중간에 어떤 일이 일어날지 모른다는 걸 알기 때문에. 이들에게는 이미 직면한 현실의 문제를 공략하는 게 훨씬 유리하고 또 그렇게 하는 것이 요구됐을 것이다. 시간은 물론 공간의 현재성 또한 중요하다. 한 공간에 있으면서 다른 공간에 있을 수는 없으니까. 지금, 여기에 집중하는 건 모든 생물의 공통 조건이다. 삶의 무대는 단연 현재인 것이다.

시공간의 현재성에 집중하는 지구상의 모든 생물에겐 삶을 살아가는 기본 원칙이 있다. 그것은 자신의 삶을 산다는 것이다. 나의 안녕과 존속을 도모하며 보내는 하루하루, 생물의 일과는 원래 그렇게 채워진다. 어제를 해결했으니 이제 오늘로 눈을 돌리자. 오전에는 내 배고픔을 다루고 오후에는 내 짝짓기에 신경을 쏟자. 물론 곁에 다른 존재도 있다. 가족, 동료 그리고 경쟁자. 내가 먹을 애들, 나를 먹을 놈들. 그러나 엄밀히 말하자면 나와 완전히 분리된 존재는 아니다. 자연 상태에서는 나와 전혀 무관한 남이란 아마 애초부터 만날 수도, 알 수도 없다. 그러므로 어떤 의미에서 그들은 확장된 나이기도 하다. 나와 완전히 동떨어진 존재, 아무런 상관도 없는 현상은 있을 수 없다.

그러나 지금 우리의 삶은 현재를 훌쩍 뛰어넘는 시간대로, 지구 반대편에 있는 공간으로, 나와 더 멀 수도 없는 대상으로 꼭꼭 채워지고 있다. 나의 섭생과 밥벌이에도 물론 생의 많은 부분이 할애된다. 하지만 유기물을 섭취하는 그 실존적 순간에도, 숟가락을 입에 넣는 행동의 와중에도, 세상의 이모저모를 뒤지고 있다. 심장처럼 거머쥔 작은 기계를 연신 어루만지다가, 벽마다 걸린

모니터에 잠시 눈길을 주고, 뭐라도 놓쳤을까 황급히 다시 돌아간다. 다들 무엇에 그리도 몰입하는지 가늠할 수 없다. 다만 공통적인 것은 사람들 모두 지금, 여기, 자신으로부터 멀다는 것뿐이다. 귀는 그냥 열어두는 때 없이 언제나 무언가를 듣느라 막혀있다. 주변 환경에서 비롯되는 소리는 비집고 들어올 틈이 없다.

지구라는 작은 별의 한 곳에 앉아 먼 우주의 은하계를 헤아리는 능력은 지구에서 우리 종만이 갖는 위대하고 개성적인 특징이다. 처한 시공간을 넘어서는 상상력과 사고력, 그것은 그 어느 생물도 근접하지 못하는 월등히 고유한 능력이다. 하지만 그 어떤 뛰어난 지적·감각적 모험도 그것을 시도하는 자를 실존으로부터 소외시키는 지경에 이른다면, 그때부터는 소중하지도 아름답지도 않게 된다. 실제로는 떠날 수 없는 자신을 마치 떠난 것처럼 사는 비본질주의가 심히 어색하기 때문이다. 게다가 나와 먼 것들로 하루를 채워 살아가는 현대인들이 대단한 상상력을 발휘하는 것도 아니다. 그저 정신을 파묻을 수 있는 값싼 중독성 재료를 찾고 또 찾을 뿐이다.

화창한 날 집을 나서며 높은 하늘과 뭉게구름, 나부끼는 수풀과 지저귀는 새들을 전부 등지며 걷는 이들이 있다. 손바닥만 한 작은 세상에 이목을 집중하느라 나머지 세상은 늘 도외시된다. 어쩌다 한 번도 아니고 매일 전자 매체에 나의 오감을 헌납하는 일상은 그저 단편적이라고 말하기에도 부족하다. 그것은 내가 속한 생태계와의 모든 끈을 끊겠다는 매몰찬 선언이다. 이런 이야기에 사람들은 항변한다. 오며 가며 드라마 좀 보고 팟캐스트 좀 듣는 것 가지고 웬 호들갑이냐고. 하지만 생태계가 활발히 돌아가기 위해서는 구성원들의 인지와 참여가 필요하다. 그래야 무거운 짐을 힘겹게 들고 오는 이에게 먼저 도움을 권할 수 있고, 길을 몰라 헤매는 사람을 안내해줄 수도 있다.

누군가 정성 들여 꾸민 꽃밭을 헤아리고, 회색빛 도심에서 푸른 오아시스 같은 나무를 올려다본다. 그리고 다사다난했던 하루와 세월을 돌아보고, 너무 늦기 전에 정말 소중한 것들을 챙긴다. 이런 것들을 원천봉쇄한 채 모든 끈을 차단한다면, 다시 말해 살아있다 할 수 없으리라. 살아있다는 건 지금, 여기, 내 삶에 충실하다는 것이니까.

생태계의 일원이 된다는 것의 의미

내가 꿈꾸는 집은 이렇다. 동산 위에 홀로 있는 세모꼴 지붕을 가진 집. 한마디로 아이들에게 그려보라고 시키면 그리는 집답게 생긴 집이다. 커튼을 열면 햇살이 한가득 들어와 나무 바닥에 퍼지고, 아주 정직하고 단단한 문을 열어 한 발자국만 디디면 바로 바깥인 곳. 물론 비밀번호를 입력하거나 삑삑거리는 전자음 따위가 나는 것은 없어야 한다.

내겐 그 단순함이 중요하다. 특히 일상생활과 그것이 벌어지는 공간이라면 더욱 그렇다. 문을 몇 개나 통과해야 겨우 집에 다다르고, 나고들 때마다 기계의 힘을 빌려 수십 층을 오르락내리락하는 거, 아직도 나는 이런 것들에 거부감을 느낀다.

안과 밖을 이어주는 창이나 문은 다른 무엇보다 훨씬 중요하다. 외부와 어떤 관계를 맺을 것인지에 따라 내부의 삶이 달라지기 때문이다. 전혀 관계를 맺을 의사가 없을수록 창과 문은 복잡하고 전자적이며 잘 열리지 않는다. 반대로 안과 밖을 언제나 연결하고픈 마음이 강할수록 창과 문은 단순하고 기계적이며 잘 열리는 경향이 있다. 밀실처럼 폐쇄적이고 겹겹의 문을 통과해야 하는 요즘의 호텔을 생각하면 바로 그림이 그려질 것이다. 그런 곳에서 외부는 그저 아주 잠깐 눈길을 던질 경치 이상의 기능이나 의미는 없다. 어쩌면 창문에 할애된 중요성은 창이 열리는 딱 그 정도가 아닐까?

활짝 열리는 창문. 방충망이나 방범창, 외벽이나 실외기로 가로막히지 않은 시야. 그리고 바로 시작되는 싱그러운 바깥 세계. 얼마나 애타게 찾고 그리는지 모른다. 그러나 번번이 실패한다. 워낙 귀한 것을 원하다 보니 실망이 클 수밖에 없지만, 그렇다고 해서 엄연히 내재하는 욕구를 없는 셈 치는 것도 불가능하다. 사람은 집이 필요하지만, 동시에 언제든 고개를 내밀 창도 필요한 동물이다. 모든 식당과 카페에서, 사무실과 교통수단에서 사람들은 창가를 두고 경쟁한다. 적어도 시각적으로는 안과 밖의 소통을 추구하는 사람들의 몸짓이다. 그런 면에서 보면 사람들도 창의 중요성을 무의식중에 체득하고 있는 듯하다. 그런데 그토록 창가에 앉으려 하면서도 막상 창문을 열 마음은 없다. 보는 것까지는 좋아도, 실제 바깥이 안으로 유입되는 건 원하지 않는 것이다.

소통을 표방하는 듯하지만 실은 차단의 의미가 더 강한, 언제나 블라인드와 커튼으로 가려진 창은 나를 슬프게 한다. 그것은 창 양쪽에 놓인 삶들이 조응할 가능성을 없앤다. 자연의 손길과 숨결이 실내까지 뻗어 들어오는 그 미학을 어째서 모르는가. 계속 닫아두면 답답해지는 공간이 창을 통해 밖과 교류하며 다시금 생기를 회복하는 그 원리가 경이롭지 아니한가. 세상과 내가 연결되어있음을 상기시키는 가장 중요한 매체가 바로 우리 주변의 창문이다. 창문을 통해 세상과 연결되었다는 감이 유지되고 가꿔진다. 그러기 위해선 창이 창다워야 하고, 사람이 사람다워야 한다. 연결을 위해 만들어진 창문이 열리지 않는 모순이 없어야 하고, 사람은 안에 있으면서도 밖을 갈구해야 한다. 이 간단한 조합 하나로 우리는 고립에서 벗어날 수 있다. 생태계의 일원으로 거듭나는 것이다.

비록 나 또한 온종일 컴퓨터와 씨름하며 살고 있지만, 창밖의 나무와 하늘이 내가 진정으로 속한 곳이 어디인지를 주기적으로 상기시켜준다. 시야에 푸름이라곤 없는 안타까운 환경일지라도 바깥세상의 손길이 아예 닿지 않는 곳은 없다. 계절과 날씨가 찾아와 문을 두들기기 때문이다. 어딘가에 틈이 있는 이상, 그 날의 추위나 더위나 습기는 결국 그곳을 비집고 들어오기 마련이다. 블라인드와 커튼으로, 문풍지와 이중창으로 최대한 틀어막아본다. 바깥 날씨와 상관없이 실내 온도는 내가 원하는 대로 제어한다. 하지만 아주 작은 성공일 뿐. 바깥의 입김으로부터 완전히 자유로울 수 없다. 그의 숨결과 손길이 느껴진다. 나를 둘러싸는 기상현상의 기운이. 자연의 존재감은 그토록 완전하고, 강하고, 가까운 것이다. 늘 날씨를 탓하면서 스스로 자연으로부터 멀게만 느끼는 것이야말로 우리가 범하는 최대의 모순이다.

계절과 날씨에 대한 불평은 나와 세상의 관계를 드러내는 실마리다. '추워, 더워' 등의 툴툴거림은 우리가 자연을 떠난 것 같아도 실은 그 손아귀에 굳건히 사로잡혀 있다는 사실을 알려주는 신호이기도 하다. 게다가 그 더위와 추위도 정도와 몸 상태에 따라 때로는 따뜻하고 시원한 것이 된다. 기나긴 겨울 이후에 찾아온 봄과 지루한 여름의 끝자락에 불기 시작하는 가을바람도 결국 같은 자연의 원리가 작동하는 것뿐이다. 날마다 기온과 기후에 대해 불만만을 터뜨리며 산다면, 오히려 그것이야말로 그 생명이 뭔가 잘못되었다는 반증이다. 1년 365일 내내 외부 동력에 의한 냉난방을 가동하지 않고는 지낼 수 없는 생물은 애초에 생겨나지 않는 것이 맞다. 그토록 일관되게 자연과 반하는 생물은 진화할 수 없을뿐더러, 그 인공적 조건을 유지하기 위한 자원 자체도 결국 자연으로부터 제공받아야 하기 때문이다. 다시 말해 날씨가 언제나 못마땅해 계절의 일부가 되지 못하는 것도 우리의 참모습은 아니다. 우리는 적어도 지금보다는 자연과 훨씬 평화로운 관계로 지낼 수 있다. 그럴 능력이 없었다면 우리는 여기에 이렇게 있지도 않을 것이다.

계절의 일부가 되어 산다는 것은 무엇일까? 우선 무엇보다 날씨에 지나치게 대비하지 않는다는 걸 의미한다. 계절에 반反하지

않기에 외출을 위한 중무장은 당연히 불필요하다. 상황에 적응하고 수용 범위를 넓힐 여지가 있어야 몸의 대처 능력도 향상될 수 있다. 세상만사가 다 그렇듯, 능력 발휘를 할 기회가 주어지지 않으면 그 능력은 서서히 퇴화된다. 조금만 춥거나 더워도 즉각 외부 열원이나 냉기가 공급되는 일상에서 신체는 스스로 대처할 필요성을 느끼지 못하고 갈수록 의존성만 강화된다. 몹시 추운 날, 한참을 오들오들 떨며 지내다 갑자기 바쁜 일이 생겨 잠시 뛰었을 때를 상상해보라. 강제된 운동 덕분에 아무리 껴입어도 부족했던 산더미 같은 옷들이 버거워진다. 우리는 이토록 강력한 성능을 자랑하는 난로를 우리 내부에 가지고 있다. 우리가 좀처럼 켜는 법이 없을 뿐이다.

겉으로 보면 우리의 삶은 자연과 매우 동떨어져 보인다. 길에서 만난 뭔가가 날 잡아먹으려 하지도 않고, 내가 뭔가를 직접 잡아먹는 것도 아니다. 손에 흙을 묻혀 본 적이 없거나 기억이 가물가물한 이들이 대부분인 사회에서 우리 인간 역시 생태계의 일원이라는 사실을 인지하기란 쉽지 않다. 하지만 그럴 때 일어나 창문에 다가가라. 문을 열고 들어오는 그 모든 것들을 만끽하라.

그것이 뙤약볕이든, 눈보라든, 소낙비든. 바로 그것이 그 누구라도 생태계의 일원이라는 사실의, 계절의 일부로 살아있다는 증거다.

2장

존재의
고유한 부분집합 찾기

요즘은 한 자리에 오래 있는 것이 없다. 즐겨 찾던 가게들은 하루아침에 다른 상점으로 바뀌어있고, 눈 깜짝할 사이에 건물도 통째로 사라진다. 인터넷에서 식당을 찾아 방문하려면 게시물이 1~2개월 이내에 올라온 것인지 확인해야 한다. 그 새 망하고 다른 뭐가 들어섰을지 알 수 없기 때문이다. 고가도로처럼 거대한 구조물도 며칠이면 해체하고, 길을 넓히기 위해서 울창한 숲도 손쉽게 댕강 잘라낸다.

　　이런 속도와 규모의 변화 속에 지도 만들고 관리하는 사람들은 어떻게 사나 싶을 정도다. 아닌 게 아니라, 인터넷 자료라면 몰라도 종이와 활자로 된 여행 책자는 적어도 우리나라의 경우 조금만 시간이 지나면 무의미하다는 후문이다. 서울에서 배출되는 쓰레기 중 대다수가 건설 폐기물이라는 사실이 이런 맥락을 뒷받침

한다. 여기는 정녕 고삐 풀린 변화무쌍함이 횡횡하는 곳이다.

사회가 이렇다보니 사람 사는 방식도 이를 뒤따를 수밖에 없다. 긴 세월 한곳에 진득하게 사는 사람, 요즘 얼마나 될까? 거의 매주 이삿짐을 나르는 긴 트럭과 사다리차의 소음이 동네마다 울려 퍼지는 걸 보면 그리 많지 않다는 걸 짐작할 수 있다. 오르기만 하는 집세도 큰 몫 하지만, 어디서든 뿌리를 내릴 만한 곳을 찾지 못하는 것이 현상의 핵심이다.

여기는 이래서 싫고, 저기는 저래서 못마땅하고. 시끄럽고, 복잡하고, 유흥가에, 담배 연기에, 뭐 정 붙일 데가 없다. 그래서 자꾸 떠날 이유만 늘어난다. 그렇게 떠난다 해도 다음 주거지에 안착할 가능성은 낮다. 관건은 대다수가 이전 집에 질려 탈출하듯 현재 집을 떠난다는 것이다. 설사 다음의 거처가 새로운 문제 꾸러미를 제공하더라도, 적어도 새로운 꾸러미가 아닌가.

이유가 어떻든 한 곳에서 다른 곳으로 옮겨가는 일은 가히 만만치 않다. 나야 방 하나에 물건도 별로 없는데 뭐, 하고 생각하지만 웬 걸 한 트럭도 모자라 꾸역꾸역 남은 짐을 손에 들고 가야 한다. 그 작은 공간에서 뭐가 그리도 많이 나오는지. 필요한지도 몰랐던 물건도 새로 장만하려고 하면 어찌나 많은지. 누구나 한 번쯤은 이사하면서 이렇게 중얼거리게 된다. "옛날에는 다 어떻게 살았나 몰라." 나 한 명의 보금자리를 꾸미기 위해 드는 시간, 노력, 자원의 총량은 언제나 예상했던 수준을 훌쩍 선회한다. 특별하게 하는 것도 없는 생활인데 그 생활이 그저 굴러가게끔 하는 데만 필요한 것들이 이상하리만치 많다. 그래도 어쩌나. 먹고 살려면.

이 넓은 세상에서 누구나 밤이 되면 매일 정해진 한 곳으로 돌아가 하루를 마감한다는 사실이 새삼스럽다. 아무것도 모르는 외계인이 우릴 본다면 어째서 가까운 곳에서 잠들지 않는지 의아해할지도 모른다. 그러나 사람들은 곧 죽어도 산 넘고 물 건너 내 집으로 돌아간다. 이렇게 보면 어딘가에 굴을 파거나 둥지를 틀고 사는 동물들과 우리는 다를 바가 없다. 광활하고 드넓은 대지에서 내 몸과 마음이 편안한 곳은 어느 한곳이라는 점에서 말이다. 세상이라는 전체집합의 부분집합. 또 그것의 부분집합…… 이것을 수십 차례 반복하면 나만의 작은 세계, 나만의 시공간에 도달한다. 그리고 살아가는 모든 세세한 방식 또한 마찬가지다.

살아있다는 건 무척이나 고유한 일이다. 아무거나 다 먹고, 아무 곳에서나 살고, 아무렇게나 생긴 생물이란 없다. 있다면 세상에서 가장 강력한 녀석이 되었을 것이 틀림없다. 생물은 반드시 특정한 양식을 가진다. 땅에 붙어 다니든가 훨훨 하늘로 날아오른다. 낮에 활동하거나 밤에 배회한다. 물론 두 양식을 모두 가질 수도 있다. 생물이 어떤 특정한 방식으로 살다 보면, 자손 대대로 그것이 이어지는 동안 그 방식은 강화되거나 약화되며, 변화하기도 한다. 그리고 결과적으로는 제각기 고유하고 개성 넘치는 생명이 되어 지구를 누비게 된다. 이것이 에블린 허친슨이 말했던 '생태라는 무대에서 펼치지는 진화라는 연극'이다.

지구상에 왜 이토록 다양한 생물이 존재하는지, 그 이유는 분명치 않다. 아주 단순한 몇 종만이 사는 가상의 지구를 얼마든지 상상해볼 수도 있기 때문이다. 그렇다면 자연이 지금처럼 생물다양성을 유지하고 있는 이유는 무엇일까.

지구상에 처음 생명이 생겼을 때는 어떠했는지 모른다. 그러나 지금으로부터 약 5억 4,000만 년 전, 생물의 어마어마한 다양성이 시작되었다. 이전까지는 존재하지 않던, 셀 수 없이 많은 생물들의 화석 기록이 이때부터 등장한다. 다양한 생명의 삼라만상이 전개되었던 이 시기를 사람들은 캄브리아 대폭발이라 명명했다.

생물을 구분할 때 쓰는 분류학적 단위로 '계kingdom'가 있다. 크게 동물계 또는 식물계 등으로 나눈다. 계 바로 아래 단위는 '문phylum'이다. 예컨대 사람은 척수동물문에 해당한다. 캄브리아 대폭발 당시에 오늘날 존재하는 주요 동물문의 대부분이 새롭게 등장했다. 즉, 각종 동물의 기본적인 삶의 양태가 바로 이때 생겨난 것이다. '다양성'이 자연계라는 무대에 본격적으로 나섰던 시기라고 할 수 있다. 온갖 생물들이 셀 수 없이 많은 작품을 내놓는 전통은 이때부터 지금까지 줄곧 이어져 오고 있다.

그럼에도 여전히 많은 사람이 다양성이 중요한 이유를 반문한다. 자연을 사랑하고 환경을 보호하는 것까지는 알겠는데, 다양성처럼 손에 잡히지도 않는 추상적인 개념까지 고려해야 하는 이유는 무엇이냐는 얘기다. 그러나 다양성은 조금도 추상적이지 않다. 오히려 자연 어디로 눈을 돌리든 가장 확연하게 드러나는 특징이다. 멀리 갈 것도 없다. 길가 어디에나 있는 평범한 풀밭을 살펴보라. 이름 모를 식물들이 한가득 눈에 들어올 것이다. 모른다고 잡초라 묶어서 부르는 건 관찰자의 무지함이지 현상에 대한 올바른 기술은 아니다.

제멋대로 생기고 살아가는 이들이 모이면 그 군상은 다양하기 마련이다. 서로 너무 다르다는 것, 그것 자체가 그들이 갖는 특성이 된다. 자연에서 거의 무조건적으로 나타나는 것이 다양성이라면 거기엔 분명히 깊은 의미가 있다. 생태계의 작동 원리, 진화의 전개 방식 모두 다양성을 핵심으로 발휘된다고 해도 과언이 아닐 것이다. 생명의 가장 일관된 특징, 그것이 곧 다양성이다.

자연계라고 해서 먼 얘기가 아니다. 오히려 당신과 직결되는 얘기다. 나와 남이 다르지 않다면 내가 어떻게 특별할 수 있을까? 우리가 가장 소중하게 여기는 사람, 그는 헤아릴 수 없이 수많은 특징의 총체이며, 그것은 죽었다 깨어난다 해도 다시 나올 수 없는 고유한 조합이다.

이 고유함이 가지는 힘과 의미는 실로 엄청나다. 우리가 숭상하는 거의 모든 가치의 토대이기 때문이다. 인간이라는 종 자체가 생태계가 내놓은 무수한 작품 중 하나에 불과하다는 사실을 이해한다면 더욱 그렇다. 우리가 속한 포유류와 영장류 안에서는 물론, 심지어 호모Homo 속 안에도 14종이나 되는 다른 '인간' 종들이 있었다는 사실은 우리를 겸손하게 만든다. 또한, 언제나 전혀 다른 개성적인 생물을 내놓는 생태계의 작동 원리를 더욱 경이롭게 바라보게 해준다.

산다는 것은 그래서 본질적으로 외롭다. 모든 존재의 기본 전제가 '다름'이기 때문이다. 하지만 반대로 바로 그 덕분에 우리에게 특별하고 소중한 존재와 마음도 있을 수 있다. 그러므로 각기 다른 삶의 방식을 고수하며 얽히고설킨 채 살아가는 이 세상에서 살아 있다는 건, 나만의 고유한 시공간을 누린다는 것이다. 내가 그러한 만큼 남들도 그럴 것이다. 상상할 수 있는 모든 존재 그 전부가.

작은 기회도 묵묵히 살리기

이런 날이 올 줄 누가 알았겠는가. 신선한 공기와 호흡마저 귀해진 현실이. 공기를 그대로 마실 권리를 상실하는 날이 올 줄이야. 외출하기 전에 무조건 마스크를 챙기고, 온 가족이 마스크를 서로 씌워주며 둔탁한 소리로 얘기 나누는 모습이 우리의 일상이 되었다. 미세먼지가 심하던 시절에는 공기의 상태를 점검하며 챙겼지만, 코로나19 상황에서는 아예 의무가 되었다. 이 천지개벽할 상황이 수용되는 것을 도무지 받아들일 수가 없어 최대한 버티려는 이들도 있다. 필자를 포함해서. 도저히 그런 식으로는 살 수 없기 때문이다. 아니 그럼 앞으로 남은 평생 쭉 마스크를 쓴 채 살아야 할까? 그건 못하지. 숨도 크게 못 쉬면서 그걸 사는 거

라고 할 순 없다. 하지만 세상에서 내 들숨과 날숨은 이미 해악이
되어버렸다.

　과거에는 물이 그랬다고, 이 상황이 별로 새로울 것도 없다고
말하는 이도 있다. 물을 병에 채워 판다는 걸 상상하지 못하던 때
가 그리 오래되지 않았다. 물론 이것 또한 엄청난 일이었다. 따라
서 강이나 호수의 물을 그냥 마셔서는 안 되는 더러운 물질로 여
기기 시작하던 그 시기에도 많은 심리적 저항과 놀라움이 있었다.
이제 공기가 그다음 차례가 된 것은 어쩌면 순리처럼 보인다. 오염
의 진척과 환경파괴의 가속화를 기정사실로 받아들이는 사고방식
의 소유자에게는 자연스러운 일일지 몰라도, 이 충격적인 단계 하
나하나마다 괴롭고 힘든 것이 마땅하다. 생명의 기초인 물과 공기
가 이렇게 파괴되어가는 현실에 대한 반응으로서 말이다.

　이제 공기 중에 떠도는 모든 입자는 비난과 원망의 대상이 되
었다. 그것이 오래된 경유 트럭에서 내뿜은 매연이든, 봄이 되어
날리는 꽃가루든 마찬가지다. 털이라는 단어만 생각해도 목이 다
칼칼해진다. 에헴. 그러나 꽃가루와 매연이 우리의 호흡기엔 썩
반갑지 않은 요소라 하더라도 허공에 떠돌아다니는 식물의 씨앗
이나 가루는 기계가 배설한 오염물질과는 너무도 다른 존재다. 평
생 한곳에 뿌리내린 채 살아가는 식물이 이동 문제를 해결하기 위

해 내놓은 놀라운 동적인 해결책, 그것은 공기의 움직임을 활용해 자신의 종자 혹은 유전자를 퍼뜨리는 것이었다. 어차피 정해진 목적지도 없으니 어디든 바람 따라 구름 따라 그저 배달만 되면 그만인 시스템이다. 바람이라는 지나가는 나그네에게 물을 것도 없이 그냥 몸을 맡기면 되는 것이다. 그러면 어딘가, 언젠가 싹을 틔울 기회가 찾아올 테니까.

따라서 공기에 실린 식물 가루는 생명의 가능성을 의미한다. 조건만 맞으면, 공기 중의 분말이 거기에 안착해 발아와 생장을 시도할 것이다. 이미 다른 식물이 차지한 곳이 많아 대부분은 실패하고 만다. 바람 속에서 여행만 하다 영원히 떠돌이로 남는 이도 있다. 바로 그러므로 가능성이라 부를 수 있다. 대다수 실패하지만, 그중 일부는 살아남는다. 그리고 그 일부가 다시 살아남기의 바통을 이어받고 또 건네준다. 떠돌던 씨앗이 촉촉한 흙과 만나기만 하면 된다. 이 얼마나 손쉬운 조합인가?

실상은 그렇게 쉽지 않다. 사방을 둘러보라. 흙은 무슨, 시멘트로 포장되지 않은 곳이라곤 찾아보기 힘들다. 말하자면 겹겹의 화장 때문에 지구의 민낯이 전혀 드러나지 않는 상황이다. 눈을 씻고 샅샅이 찾으면 겨우 가로수 밑동에서 조금의 흙을 발견할 수 있다. 그래봤자 나무 둘레를 살짝 두른 띠 정도의 땅만 남았지만.

바람에 실려 유목 생활을 하는 씨앗의 입장이 되어봐야 갈 데 없는 설움을 느낄 수 있을 것이다. 왜 그리도 땅을 덮어놔야 하나? 캄캄하게 가려져 햇빛을 볼 수 없는 토양과, 단단한 시멘트와 아스팔트 아래서 애타게 흙을 찾는 식물에게는 아주 아리송한 일이다. 그냥 놔두면 뭐가 어때서?

건물을 세우고 도로를 만들기 위해서란다. 그래도 그렇지, 덮지 않은 곳도 있어야 할 것 아닌가? 공원 바닥마저 깔끔하게 포장되어 애꿎은 열매와 씨앗들이 의미 없이 굴러다닌다. 울퉁불퉁하고 먼지 날리는 땅을 말끔한 표면으로 씌우고 나면 우리에겐 편할지 모르지만, 그 편의는 자연의 굴곡과 가능성을 완전히 무마해버린 토대 위에 허락된 것이다. 뭐든지 고이면 썩게 되므로 적당히 투과하고 흘려보낼 수 있어야 하는데, 지구상의 수많은 거대도시에 깔린 흙과 지하 세계는 과연 온전할지 모를 일이다. 어디 틈이라도 있다면 조금이나마 숨통이 트일 텐데.

인파가 활보하는 거리. 각자의 생각에 잠겨, 각자의 목적지를 향해 발걸음을 재촉한다. 다양한 동선이 중첩되는 스케이트장 얼음처럼 보도블록은 매일 골고루 밟힌다. 휴짓조각 하나라도 떨어질라치면 이내 누군가의 발에 차여 치워진다. 남아나는 것이 없는 이곳이지만, 그 와중에 뭔가 전혀 색다른 것이 있다. 그 흔한 쓰레기도 아니요, 누군가의 주머니에서 떨어진 물건도 아니다. 아무것도 발붙이지 못할 줄 알았던 곳에, 틈이라곤 조금도 없는 것 같던 그곳에 어엿하게 뿌리를 내린 생물이 하나 있다. 그렇다. 공기를 떠돌던 씨앗 하나가 눈에 보이지도 않는 틈새를 성공적으로 공략한 것이다. 가능성이 현실이 된 것이다.

길거리에 난 어느 이름 모를 식물 덕에 우리는 그곳에 미세한 빈틈이 있음을 비로소 깨닫는다. 물론 식물에겐 이름이 있지만, 우리가 모를 뿐이다. 그러나 인간이 본의대로 붙여놓은 별칭도 그에겐 필요하지 않다. 그에겐 그 좁은 틈새, 그 얼마 되지 않는 가능성을 묵묵히 살렸다는 사실만이 중요할 뿐이다.

유동 인구의 왕래밖에 없고, 정착과 주거가 불가능해 보이던 황량한 보도블록 틈에 보금자리를 튼 식물의 자태는 당당하고 우아하다. 보이지도 않는 미량의 흙을 활용하는 모습은 깊이 대견스럽다. 나였다면 주어진 조건만으로 저만큼 할 수 있었을까. 모진 역경을 극복하고 살아남는 데 성공한 그들을 두고 그저 잡초라는 이름밖에 생각할 수 없다면 그건 우리 상상력의 한계를 보여줄 뿐이다.

서두르는 구둣발이 식물을 짓뭉갠다. 미처 보지 못했겠지만, 봤더라도 굳이 피하려 하지 않았을 것이다. 많은 이들의 눈에는 그저 길일 뿐이니까. 가능성으로만 떠돌던 씨앗이 극소량의 흙을 만나 정신없는 틈바구니에서 기적처럼 싹을 틔웠다는 것까지는 살펴볼 겨를이 없으니까. 그러나 시간이 조금 흐른 뒤 식물은 짓눌렸던 가냘픈 목을 조금씩 펴기 시작한다. 한없이 약해 보이지만 바로 그 부드러움 덕에 밟혀도 다시 일어설 수 있다. 무엇이 강함이고 무엇이 약함인지 사색의 화두마저 던져준다.

숲과 들판은 주변에 흔하지 않고, 대신 화분이 그 자리를 대체한 세상에 살기에 우리는 식물을 오해하기 쉽다. 물을 줘도 죽고 안 줘도 죽고, 조금만 신경을 덜 쓰면 시드는 나약한 존재. 인간이 돌보지 않으면 안 되는, 지극히 의존적인 생물로 보기 쉽다. 그러나 화분에 식물을 심은 건 인간이지 그 식물의 선택이 아니었다. 스스로 선택한 곳에서 자란 식물은 그 누구의 도움도 필요로 하지 않는다. 자연에서 피어난 식물의 존재 자체는 발아와 생장의 조건이 이미 딱 들어맞았다는 것을 의미한다. 그렇지 않았다면 처음부터 그곳에 있지 않았을 것이다. 있을 수 없는 곳에, 자연조건이 갖춰지지 않은 곳에 화분을 두고 식물의 나약함에 혀를 끌끌 차는 것. 그것은 보지 못하는 것이다. 작은 기회도 묵묵히 살리며, 소박하지만 강하게 살아있음을 보여주는 그들의 멋진 진면목을.

때가 되면 훌훌 털어버리기

당시에는 중요했는데 시간 지나면 잊히는 것들이 있다. 어쩌면 모든 것이 그렇다. 어릴 적 늘 품에 안고있던 인형은 어느새 어디로 갔는지도 모른다. 대학교 때 그렇게 목매던 사람도 이젠 얼굴마저 흐릿흐릿하다. 하나둘씩 연락이 뜸해지더니 자연스럽게 멀어진 수많은 지인, 큰마음 먹고 살 땐 언제고 이제는 먼지만 쌓인 미련 덩어리 물건들. 모두 한때의 관심과 열정의 화석들이다. 인생이 워낙 길어서 그런 것인지 일관되게 무언가 유지하는 게 무척이나 어렵다. 내가 하루살이였다면 얘기가 달라질 텐데. 아니면 그들도 그 짧은 시간을 잘게 쪼개서 지내는 걸까?

때로는 집 안에 앉아 주변을 둘러본다. 나는 왜 이토록 많은 물건을 비치해놓고 살고 있는가. 툭하면 여닫는 냉장고, 한 번씩 여는 서랍, 정말 어쩌다 돌리는 청소기. 매일 만지는 컴퓨터와 핸드폰을 제외하면 거의 모든 물건의 실제 사용량과 호출 빈도는 매우 저조하다. 특히 서가 구석에 놓인 책들은 불만이 많을 거다. 사온 이래로 손도 안 댈 거면서 대체 왜 진열해놨냐고 말이다. 괜히 미안해서 이따금 펼쳐보는 것도 정해진 몇 권. 찬장 위의 좋은 그릇, 소파 밑에 밀어놓은 운동기구도 비슷한 신세다. 그렇다고 다 갖다 버릴 수도 없잖은가? 나름 정도 쌓일 만큼 쌓였는데.

물건뿐 아니라 정신의 짐 역시 한 무더기다. 물건은 언젠가 처분할 수 있지만 마음속에 오랫동안 품은 온갖 상념, 미련, 집착, 그리고 딱히 뭔지 모를 잡다한 기억들은 버리고 싶어도 마음대로 되질 않는다. 완전히 잊은 줄 알았는데 작은 계기 하나로 불현듯 떠오르는 걸 보면 머릿속 저장장치에 아예 삭제하는 기능은 없는 모양이다. 게다가 그 더미에 매일 무언가 추가된다. 내 일도 아닌 남일까지, 괜히 간섭하고픈 가까운 이들의 인생살이까지 의식은 징글징글하게 마수를 뻗친다. 게다가 그 위로 미디어의 융단폭격이 쏟아진다. 여느 영화에서처럼 돈을 주고 뇌를 포맷하거나 적절히 용량 관리를 주문할 수 있다면 얼마나 좋을까. 버거운 군더더기들을 싹 정리한 가벼운 머리와 마음으로 다시 시작할 수 있다면.

제대로 떨쳐버리지 못할 때 우리는 밖을 향한다. 창문 밖을 물끄러미 바라보거나 아예 문밖으로 나서기도 한다. 걷다 보면 그래도 한결 나아진다. 움직임이 실제로 가져다주는 약간의 '터는' 효과 덕분일까. 가만히 정체되어 있을 때보다 확실히 경쾌해진다.

정말로 심란할 때 찾아가는 곳은 사람들이나 그들의 이야기로 가득 찬 공간이 아니다. 그런 곳은 최소한의 마음의 여유와 힘이 있을 때 감당할 수 있다. 답답해서 견딜 수 없을 때, 무슨 시늉이라도 해야 할 것 같을 때 필요한 건 탁 트인 공간이다.

바람이 됐든, 물이 됐든, 나무가 됐든, 자연의 움직임이 보이고 느껴지는 곳이어야 한다. 이유는 모르지만, 거대한 흐름의 한 가운데에 놓였을 때 오는 위로와 안식이 있다. 너무 거친 풍파만 아니면, 휘몰아치는 소용돌이 안에 서서 두 팔을 넓게 벌리면 열린 손바닥을 통해 몸 전체가 환기되는 것만 같다. 너저분한 찌꺼기들, 여기저기를 틀어막고 있던 이물질들이 스르륵 빠져나간다. 평소였다면 한껏 웅크리고 있거나 꽁한 마음으로 미동도 하지 않았으리라. 하지만 진정으로 절실할 때는 몸이 펴진다. 모든 걸 내려놓는 그 자세를 흉내 내듯이.

나무가 저기 있다. 바람을 타고 조용히 일렁인다. 딱히 뭔가를 응시하거나 초점을 맞추고 싶지도 않을 때 편안히 시선을 두기 좋은 것으로 나무만 한 게 없다. 흐르는 물도 좋지만, 바람이 잔잔한 날에 바라보기엔 너무 정적일 수 있다.

그에 반해 나무는 언제나 움직인다. 조금씩, 유유하게, 바쁠 것 없이. 그 누가 식물은 움직이지 않는다고 했던가? 나무는 가만히 보면 가만히 있는 법이 없다. 물론 골격과 근육에 의한 동물성 움직임과는 다르다. 자의적인, 자발적인 운동도 아니다. 하지만 완전히 외부의 힘에 의한 움직임도 아니다.

나뭇잎의 형태와 달린 모습, 그 수와 잎자루의 길이에 따라 같은 바람이라도 나무마다 나타나는 춤사위가 다르다. 식물이 뻗고 자란 그 모양으로 움직임의 양태가 특정된다. 강하고 굵은 기둥에서부터 중간 정도의 가지 그리고 얇고 가는 말단. 이 모든 범위가 갖춰지되 서로 한 몸체에 연결된 채, 하늘을 향한 모든 방향으로 뻗고 갈라지고 잎을 틔운다. 자태가 아름다우면 그 움직임도 자연스럽게 미학적이다. 그저 바라보고 있는 것만으로도 편안하다. 한 곳에 고정되어 있지만, 끝없이 여유롭게 흔들리는 저 존재 방식. 나무는 지구 최고의 작품 중 하나다.

느린 승무 같은 나뭇가지의 궤적을 눈으로 따라가다 보면 한 무더기로만 여겼던 잎 하나하나가 비로소 보이기 시작한다. 밝고 싱싱한 잎, 어둡고 주름진 잎. 유난히 맥을 못 추고 흔들리던 이파리 하나가 툭 하고 떨어진다. 한 철 동안 제 기능을 다 하고 처음이자 마지막으로 나무를 떠나는 것이리라. 톡 끊어 떨구는 저 작업은 이미 오래 전부터 시작된 과정의 결실이다. 광합성과 공기 순환의 성능이 조금씩 저하되면서, 그리고 햇빛의 길이가 점점 짧아지면서 서서히 올해 농사를 접는 순서를 밟은 것이다. 잎자루는 영양분과 물을 점차 거두면서 점점 얇고 건조해진다. 바삭한 조직이 되면 더 이상의 조치를 멈추고 그저 기다린다. 억지로 잘라내는 매몰찬 조치는 굳이 필요치 않다. 그것은 때가 되면 바람이 알아서 해줄 것이다. 하나둘씩. 그때까지는 아무 생각 말고 그냥 매달려 푹 쉬렴.

한꺼번에 와르르 낙엽을 내려놓지 않는 나무들 때문에 경비 아저씨와 공원 관리인 들은 힘들다. 쓸어도 쓸어도 또 쌓이니까. 하지만 매일 낙엽을 치우겠다는 결정은 사람이 한 것이다. 일을 한 방에 해치워야 한다는 생각은 자연의 시각에서는 참으로 괴상한 발상이다. 뭣 하러 그래야 할까. 시간에 쫓기는 것도 아닌데. 마른 낙엽처럼 이제 불필요해진 것이라 해도 한순간 도려내듯 제거할 이유는 없다. 오히려 점진적으로 하면 괜한 힘도 들이지 않으면서 지나가는 나그네인 바람에 의탁할 수 있다. 나무가 잎을 훌훌 털어버리는 때 역시 어느 한 시점에 응집되지 않는다. 대신 여럿의 때가 있다. 어떤 이파리들은 졸업 동기가 된다. 또 어떤 낙엽들은 다른 낙엽이 떨어지고도 한참 후에 나무를 떠나간다. 넓게 분산되어 넉넉한 시기를 두고 때가 되었음을 선언하고 실천한다. 다소 오래 걸릴 때도 있지만, 어느새 돌아보면 다 끝나있다.

병이 생기는 과정이 긴 것은 받아들이면서도 회복은 단기간에 하고픈 것처럼, 몸과 마음의 짐도 외과 수술하듯 도려내고 싶은 욕심이 우리에게 있는지 모른다. 그러나 괴로움을 피안의 세계로 흘려보내는 망각의 작동 방식이 그러하듯, 우리가 정말로 잊는 것들은 언제 잊었는지도 모른 채 잊힌다.

그러므로 한때 소중했던 것을 보내야 할 때, 깔끔한 단절을 바라는 건 어울리지 않는다. 물론 떠나보내기 위해선 마음도 먹고 의지도 발휘해야 한다. 하지만 심란한 마음을 달래주던 수목의 부드럽게 나부끼는 손짓처럼 너무 애쓰지 않고, 세상을 믿고 맡겨보는 거다.

난관이 스르륵 지나가게 하기

동물에겐 확실히 사람의 마음을 끄는 힘이 있다. 무표정하게 길을 걷던 사람도 우연히 강아지를 마주치면 눈길을 던진다. 자연 다큐멘터리에 관한 사람들의 관심도 여전히 높다. 평상시에는 동물 근처에 얼씬도 하지 않는 사람들이 리모컨만 쥐면 바로 야생의 현장을 찾아간다. 대체 어떻게 찍었는지, 마치 동물 바로 옆에 있는 양 그들의 일거수일투족이 모조리 공개되는 생생한 화면에 사람들은 시선을 집중한다. 동물이 조금이라도 인간과 유사한, 또는 인간의 행동 패턴을 보이면 '캬~' 감탄사가 터져 나온다. 나 참 고녀석들 봐라. 영물이네 영물이야.

이런 장면만 목격한 관찰자라면 사람들 대부분을 자연주의자라고 판단할지도 모른다. 개와 고양이를 좋아하고, 저토록 동물 보는 일에 열중하는데, 그렇다면 당연히 동물들의 실제 삶과 안녕도 잘 챙기고 있겠지. 그런데 아뿔싸, 뚜껑을 열어보니 이게 웬걸. 콘텐츠로 즐기는 것과 진짜 동물을 대하는 것 사이에 깊이를 알 수 없는 커다란 간극이 있을 줄 누가 알았겠는가.

세계인이 좋아하는 코끼리, 북극곰, 사자와 호랑이의 개체 수와 서식지는 모두 빠르게 줄고 있다. 그렇다면 다른 동물들도 말 다 한 것 아닌가. 사람들은 재미있는 동물 영상이나 콘텐츠를 즐기고는 싶지만, 서식지 파괴와 밀렵 문제까지 알고자 하진 않는다. 사안마다 들고 일어나서 딴지 걸길 좋아하는 환경단체나 운동가들도 썩 탐탁지 않게 여긴다.

그냥 즐기기만 하는 게 잘못된 일은 아니다. 누구나 다 발 벗고 세상을 구하러 나서긴 어려운 일이니까. 그렇지만 이렇게 편리하게만 동물을 소비하는 특정 방식은 우리에게 어떤 영향을 미칠까? 다시 말해 거실 소파에서 야생동물을 고화질로 감상하고, 동물원과 수족관, 그리고 요즘 우후죽순처럼 생기는 온갖 체험교실이나 동물카페에서 선사하는 경험에 익숙해짐으로써 우리는 어떤 관점과 감수성을 갖게 될까. 이들의 공통분모는 다름 아닌 편의성이다. 너무나 손쉽고 가까운 만남. 버튼만 누르면 먼 밀림이나 바다에 서식하는 어느 생물의 미세한 동작까지 한눈에 볼 수 있다. 유리판 하나를 두고 바로 앞에서 감상하거나, 심지어는 손을 뻗쳐 만지고 쓰다듬어도 된다. 빠르고 즉물적이고 고해상도다. 이렇게 상을 차려 떠다 먹여주니 넙죽 받아 삼키기가 쉬울 수밖에 없다. 이렇게 맛보는 동물이라면 좋지. 간편하고 즐겁게.

그러나 실제 자연에서는 무엇도 간편하지 않다. 한 번이라도 야외의 자연을 직접 누비며 동물을 찾아본 사람이라면 알 것이다. 생물이란 결코 쉽게 모습을 드러내지 않는다는 것을. 많은 경우 실재보다는 흔적을, 시각보다는 후각이나 청각을 동원해야 한다. 야생에서의 모든 만남은 예측 불가능하고 드문 일이며, 설사 이루어진다 해도 대부분 찰나의 순간이다. 보통은 준비되지 않았을 때 기다리던 장면이 연출되고, 촉각을 잔뜩 곤두세우고 벼르고 있을 때는 어김없이 썰렁하다. 어쩌다가 운이 좋아 동물과 깨끗하게 마주하는 행운을 누리기도 한다. 하지만 그런 경우는 너무도 귀하기에 그리도 회자되는 것이다. 큰 화면으로 동물의 털끝 하나까지 보는 것에 익숙해진 눈, 가까이에서 마음대로 만지는 것에 길든 손은 이런 자연이 낯설기만 하다.

소위 야생 전문가라는 사람들한테 물어보면 온갖 기술적인 얘기를 자랑스럽게 늘어놓는다. 하지만 진짜 중요한 기술은 딱 한

가지다. 그것은 기다리는 것이다. 그렇다. 특별한 요령이라 할 것도 없는 뚝심 좋은 기다림. 자연에서 이것만큼 중요한 것은 없다. 일정 수준을 넘어선 시간을 투자해야지만 소기의 목적을 달성할 기본 조건이 준비되는 곳이 바로 야생 자연이다. 관찰자로서 숲에 들어서는 인간에게만 해당하는 이야기가 아니다. 자연의 터전에서 사는 많은 동물에게도 기다림보다 중요하고 필수적인 미덕은 없다. 기다릴 줄 모르는 자는 결국 자기 명까지 재촉하게 되는 곳이 자연이다.

나를 밥으로 보는 동물에게서 도망 다니는 존재를 상상해보라. 위험이 닥쳐 급히 몸을 숨겼다면 웬만큼 확신이 서지 않고서는 은신처에서 나와선 안 된다. 동적이던 동물은 갑자기 정적인 정물이 된다. 자연의 복잡성에 기대어 그저 그 세계의 일부처럼 배경에 스며들 것을 믿고 몸을 맡긴다. 숨죽인 채 미동도 없이 보내는 그 시간은 쥐 죽은 듯하지만, 실은 그 어느 때보다 더 살아있는 순간이다. 이들은 순간의 기다림이 이후의 삶 전부를 결정한다는 걸 알고 있다. 몸이 근질근질해서 자세를 약간 튼 순간 모든 것이 끝나버린 사례가 진화의 사슬에 축적되어 생긴 결과다. 인내와 끈기가 부족했던 개체들은 진작에 도태되었다. 끝까지 기다린 자들은 살아남았다.

이번에는 다른 생물을 밥으로 먹는 동물의 입장을 떠올려보라. 풀만 먹는 동물이 아니라면 식사는 아무 때나 원한다고 할 수 없는 귀한 사건이다. 그냥 가만히 있을 수는 없기에 찾아 나서기도 하지만, 배회하는 그 행위 역시 또 다른 기다림이다. 반가운 냄새의 흐릿한 자락이 코끝에 닿을 것을 기대하며 묵묵히 걷는다. 목표물을 포착했다 해도 기다림은 끝나지 않는다. 오히려 그때부터 더욱 밀도 있는 기다림이 시작된다. 한 발짝 한 발짝의 내딛음은 평소의 시간을 수백 배 잘게 쪼갠 것과 같은 느린 동작으로 전개된다. 그토록 세심하고 참을성 있게 접근해도 대부분은 실패로 끝난다. 그렇다고 조바심을 갖지는 않는다. 굶주린 배는 주인 말고는 아무도 알아주지 않는다. 다음 기회가 올 때까지 또 차분히 기다리는 수밖에 없다.

시간을 보내는 것만이 목적일 때 우리는 시간을 죽인다고 말한다. 얼마나 무의미하길래 그저 없애려고만 할까? 빨리 없앤다고 해서 어딘가에 먼저 도달하는 것도 아닌데 말이다. 시간을 잘 보냈을 때 '시간 가는 줄 몰랐다'고 하는 표현에서 시간을 대하는 우리의 자세가 드러난다. 영원히 오지 않을 미래를 언제나 기대하면서 말이다.

우리가 허비한다고 말하는 기다림의 시간은 실은 기다림의 본

목적으로부터 이탈된 것이다. 내가 다른 사람과 같은 걸 하려고 할 때, 또는 내 일을 남에게 위탁하려 할 때 발생하는 기다림은 지루하고 없애고 싶은 것이 된다.

그러나 기다림은 문제를 극복하는 방법이 되기도 한다. 삶에 난관이 닥쳤을 때 가만히 웅크린 채 그것이 지나가도록 기다리는 것은 지구상에서 가장 오래된 전략 중 하나다. 뾰족한 가시든, 단단한 껍질이든 몸을 보호해줄 외투 하나 걸치고 앉아 마냥 기다린다. 어차피 도망갈 곳도 딱히 없는 세상, 서있는 바로 그곳에 피신하는 방책이 가장 현명한 것일 수 있다. 재미있는 건 위협이 무엇이든 간에, 시간을 조금 두고 보면 지나간다는 것이다. 세월의 손이 스치면 세상은 스르륵 풀리는 경향이 있다. 왜 그런 것인지는 정확히 알기 어렵다. 하지만 한 가지만은 분명하다. 참고 기다리면 난관을 극복할 수 있다는 사실이다. 그리고 기다림이 지나간 후 우리는 여전히 살아있다.

존재의 빈자리를 남겨 두기

　오늘이 첫날이다. 헤어진 건 바로 어제의 일이다. 간밤은 어떻게 넘겼지만 앞으로 시작될 삶이 문제다. 이제는 없이 살아가야 한다. 함께 만들고 나눴던 우리만의 세계는 하루아침에 허공에 지은 모래성처럼 사라지고 없다. 겉으로 보이는 세상은 하나도 변하지 않았다. 어제와 오늘 사이에 검은 심연과도 같은 금이 생긴 걸 아는 것은 나뿐이다. 언젠가 이런 날이 올 수도 있다고 생각했지만, 현실이 닥치면 마음의 준비는 쓸모없었다는 걸 알게 된다. 헤어짐은 완화 또는 둔화되지 않는다. 이별은 확실한 실체로 엄숙하게 당도한다.

　한동안 세상을 관조하며 지낸다. 평소보다 말수가 적어지고,

잘 보지 않던 것들에 눈길을 준다. 오히려 보지 않던 것들이라야 볼 수 있다. 그래야 적어도 마음이 마구 요동치거나 불현듯 정지하는 일은 없을 테니까. 무엇이 달라졌나, 스스로 묻는다. 물리적으로는 모든 게 똑같다. 그렇다면 내가 느끼는 이 크나큰 상실감은 어느 세계에 속하는 것인가? 그것 역시 물질계 안에서 일어나는 일이 아닌가. 마치 내가 두 발로 선 곳에만 일어난 지진처럼, 분명히 생긴 일이지만 그 여파는 오직 나에게만 있다. 다른 누구에게 말한다 한들 알아듣지 못한다. 내 자리에 서지 않는 이상 이해할 수 없다. 그러나 내 자리에 누군가 서려 했다면 내가 옆으로 비켜났을 것이다. 결국 마찬가지다.

말하자면 시스템이 망가진 것이다. 내가 세상과 나름 조화롭게 맺은 관계가 있었다. 에너지와 즐거움이 생성하고 공급하던 어떤 방식과 시공간의 활용을 계획하던 일종의 규칙이 있었다. 물론 절대 변화 불가한 법칙 같은 건 아니었다. 언제까지나 영속할 거라 여기지도 않았다. 하지만 그렇다고 특별히 비상 대책을 만들어놓지도 않았다. 그럴 이유가 무엇이었겠는가. 여러 개의 평행 인생을 사는 것도 아닌데 말이다. 몇 안 되는 주어진 인연과 조건으로 최대한 잘 꾸려보는 게 삶인데. 확실히 있었던 존재와 관계가 더는 존재하지 않게 된 것이다. 정량화할 수 없기에 없다고 가정하는 것은 현대 과학의 한계이지 세상을 제대로 보는 눈은 결코 아니다.

어떤 대상에게 애착이 생긴다는 것, 생각해보면 참 희한한 일이다. 살면서 매일 무수한 것들을 지나치다 갑자기 눈을 계속 두게 되는 무엇인가를 만난다. 왜 그것이 하필이면 선택되었는지, 다른 동종의 것들에 비해 무엇이 남달랐는지 모른다. 짐작과 추리로 이유를 갖다 붙일 수는 있겠지만 정말로 왜 그러하였는지는 영원히 미궁이다.

우리 주위를 떠돌고 있는 미궁과 미스터리는 사실 이렇게나 많다. 그럼에도 어떤 이들은 세상이 뻔하고 재미없다고 한다. 뭘 몰라도 한참 모르는 소리다. 세상에 대해 우리가 알고 있는 사실은 실제 이 세상을 구성하는 모든 것에 비하면 새 발의 헤모글로빈이라고도 할 수 없을 극미량이다.

아, 애착! 대체 어떻게 생기는 걸까. 내게서 어떤 실 같은 것이 하나둘씩 나와 촉수처럼 나부낀다. 그러다 사랑하는 대상에 중력처럼 이끌린 실 끝이 그에게 붙어 나와 그를 연결한다. 또 하나가. 그리고 또 하나가. 이내 단단한 다발이 된다. 내가 움직이면 그것도 움직인다. 그 반대도 마찬가지. 서로가 딸려있다. 물질과 기운이 소통한다. 연결된 것이다. 그것도 단단히. 그런 걸 잡아 뜯어내 버리면 그 피해는 가히 짐작할 만하다. 엉망으로 북북 찢어질 것이다.

내게도 그런 일이 있었다. 수년 전에 키우던 강아지가 세상을 떠났다. 종과 혈연을 뛰어넘는 관계였다. 적어도 내 쪽에서는 정말 막냇동생이었으니까. 그쪽에서는 나를 전혀 다르게 봤을 수도 있다. 뭔지는 잘 모르겠지만 그냥 마냥 반가운 존재 정도. 어쩌다가 맛있는 것도 불쑥 나오고 하니까. 서로 관점은 좀 달랐을지라도 각자의 가슴 속에 서로가 있었다. 우리 사이에 연결된 끈의 다발이 한 무더기로 있는 걸 땅도 하늘도 알았다.

강아지였기 때문에 무엇이든 더 확실했다. 언제나 같은 자리에서 같은 그릇에 밥을 먹었기에 그 작은 공간은 완전히 강아지에게 점유되었다. 그 아이의 밥그릇은 매일 제 역할을 톡톡히 했다. 그릇 치고는 억세게 운이 좋은 녀석이다. 찬장에서 햇빛 볼 날만 고대하는 수많은 그릇에 비하면. 매일 잠들고 걷던 잠자리도, 산책길도 마찬가지다. 때가 되면 언제나 그 작은 육신은 내게 말없이 찾아와 체온을 전달했다. 내 마음 안에도 오직 그 아이만을 위한 자리가 마련되었다. 가장 홀가분하게 기쁜 마음으로 나는 그 자리를 꾸몄다. 언제나 모든 뇌세포를 다 사용하지는 않겠지만, 적어도 이 마음 자리에 할애된 뇌세포는 매일 활성화되었다. 그곳에만 가면 편안하고 심신이 위로되었으니까. 걸핏하면 찾아갈 수밖에.

생명은 유한하므로 살아있는 생물끼리의 사랑은 언젠가 끝난다. 바로 그런 의미에서 사랑은 슬픔을 저축하는 행위다. 언젠가 그동안 차곡차곡 모았던 것을 한꺼번에 인출해야 한다. 많이 쌓을 수록 많이 거둔다. 때로는 도저히 감당할 수 없을 것 같다. 그러나 사랑에 수반되는 슬픔과 고통이 두려워 애초에 시작도 하지 않는 건 생명이 할 수 있는 가장 비겁한 행위다.

사랑을 위한 마음의 자리를 만든다는 건 살아있는 자의 특권이다. 살아있기에 무언가를 선택해서 집중하고 결국 내 것으로 만들 수 있다. 자기 자신이라는 우주에서 우리는 모두 창조주다. 마음만 먹으면 나라는 우주 또한 바깥세상만큼 방대하고 풍부하게 채울 수 있다. 그리고 무엇보다 어느 한 존재를 위한 아주 특별하고도 고유한 자리 하나를 만들 수 있는 것, 그것이 살아있음의 묘미라고 할 수 있다.

한때 채워졌던 자리는 언젠가 비워진다. 그때부터는 빈자리가 된다. 빈자리, 참 재미있는 말이다. 아무것도 없는 것에 이름을 붙인 것이니까. 세상 모든 이들이 모르지만, 나만이 안다. 그저 없는 것이 아니라 비어있다는 것을. 그래서 그곳은 나만의 빈자리가 된다. 사시사철 강아지 밥그릇이 놓여있던 그 부엌 한구석은 지금도 남아있을 것이다. 모르긴 몰라도 아마 잔뜩 짐이 쌓여있겠지. 그렇게 꽉 막아놓으면 안 돼. 지나갈 길을 만들어놔야지. 저쪽에 밥그릇, 그 옆에 물그릇을 놔야 한단 말이야. 거긴 바로 그 자리거든.

길거리를 걸으며 수많은 공사 현장을 지나친다. 또다시 허물고 또다시 올린다. 시시각각 사라지는 저 많은 공간, 저기에는 어떤 빈자리들이 있을까. 저 건물이 없어지고 나면 그곳도 하나의 빈자리가 될 텐데. 아 세상은 이렇게 겹겹의 빈자리구나. 빈자리로 가득 채워져있구나. 아무리 채우고 채워도 다 차지 않는 것. 그게 세상이로구나. 그리고 그 세상을 만드는 건 다름 아닌 살아있는 우리다. 살아있다는 건 그런 것이다. 나만의 빈자리를 갖는다는 것. 너도 너만의. 아 그가 그립다. 그 빈자리가 눈에 선하다. 너와 나만의 빈자리가.

각자의 보폭으로 걷기

신호가 켜지자마자 단독 선두로 나서며 질주하는 저 친구, 굉장히 바쁜 모양이다. 저런, 한 줄짜리 에스컬레이터에 잘못 걸렸군. 앞사람은 걸어갈 생각이 없어 보이는데. 보니까 차를 놓치겠네, 놓치겠어.

시간을 다투는 일이 이리 많아야 하는 건지. 언제나 사방팔방 급하게 서두르는 사람들에 둘러싸여 산다. 미처 말리지 못한 머리, 아직 제대로 뜨지도 않은 눈꺼풀들이 스쳐 지나간다. 매일 이런 사투를 벌이며 출근을 하고 학교에 간다는 건 기적이다. 게다가 여기는 국제적으로 공인된 빨리빨리의 나라. 그러나 도착해 자리에 앉자마자 또 다른 경주가 시작된다. 급한 불부터 끈다지만 대체 급하지 않은 게 없다. 전후좌우 대응하고 해결하고 처리하느라 정신이 없다. 머리는 흉하게 말라버렸고 눈꺼풀은 아직도 무겁다.

이렇게 달리면 언제 어디에 도착하게 되는 건지, 물어볼 새도 없다. 기본 생활 방식이 이렇다 보니 모든 감각과 감수성도 이에 맞춰진다. 호흡은 짧고 긴박해졌다. 꾸물대는 다운로드, 한 박자 느린 답글, 업데이트에 뒤처진 게시물, 모두 참을 수 없다. 배달 음식을 시킨 뒤 겨우 15분 지났는데도 벌써 조바심이 모락모락 피어오른다. 무엇이든 남보다 먼저 하려 안달이 나, 수년 뒤에 배울 내용도 미리 공부하는 분위기에 모두 풍덩 뛰어든 판국. 시간이 갈수록 이 속도전을 부추기는 요소는 늘어나고, 이를 완화하는 요소는 줄어든다. 그러니까 다들 눈 뜨자마자 스마트폰에 얼굴을 파묻고 잠자기 직전에야 겨우 떼어내는 것이다. 온종일 수시로 보고 반응해야만 하기 때문이다. 수면만이 유일한 휴지 기간이다.

사실 정확히 말하면 모두가 이에 똑같이 동참하고 있는 것은 아니다. 아주 어린 아이와 나이 지긋한 어르신 들은 현대 기술에 덜 익숙할 수밖에 없다. 물론 옛날보다는 시대 흐름을 잘 따라가는 아이와 어르신이 많아졌다. 하지만 여전히 생물학의 지배에서 완전히 벗어나기란 불가능하다. 유아기와 노년기는 수면과 함께 인간이 소모적인 사회시스템을 모면하는 몇 안 되는 시간이다. 인간이 성장을 거쳐야 하고 노화를 겪어야 하는 이상 아무리 최첨단 미래가 온다 해도 세상이 오직 기민하고 빠릿빠릿한 사람만으로 구성될 수는 없을 것이다. 성장과 노화 문제 자체를 해결한다면 모를까.

잠시 눈을 돌려 다른 곳을 바라본다. 예를 들어 창문에 붙어 시끄럽게 웽웽대는 저 파리. 파리의 속도는 실로 놀랍다. 모기는 그나마 잡을 수라도 있지, 파리는 맨손으로는 어림도 없다. 같은 곤충이지만 움직임도 그 속도도 매우 다르다. 그러고 보니 벌이나 나비, 잠자리와 풍뎅이도 다 제각각이다. 저마다의 기본 이동속도에 현격한 차이가 있다는 것은 꽤 새삼스러운 사실이다. 파리들은 빠른 만큼 세상을 직선적으로 속도감 있게 경험할 것이고, 또 나비는 세상을 나풀나풀 요동치듯 경험할 게 아닌가. 늘 직선으로 질주하는 이와 항상 나풀나풀 거니는 존재 사이에는 큰 틈이 있는 게 당연하다. 게다가 뛰는 놈 위에 나는 놈이 있고, 밑에는 기는 놈, 더 밑에는 파는 놈, 더 위에는 고공비행하는 놈, 목록은 계속 이어진다.

신속하게 붕붕 날아다니는 이런 녀석들을 보고 있으면 놀랍기도 하고 부럽기도 하다. 묘기에 가까운 그들의 이동 능력이 우리에게도 있었다면 얼마나 좋을까 상상해보기도 한다. 바닥에 찰싹

붙어 중력에 너무도 충실해야 하는 인간의 처지를 생각해본다. 창공을 삼차원으로 가르며 세상을 넓게 누비는 많은 생물과 비교하면 우리는 공간을 굉장히 납작하게 사용하는 존재다.

일종의 경외심을 품고 바라보게 되는 존재가 있는가 하면, 너무 굼뜨고 답답해서 때론 한심해 보이는 이들도 있다. 가령 달팽이가 기어가는 걸 보고 있노라면 헛웃음이 터져 나온다. 나 참, 저렇게 움직여서 어느 세월에 가려고. 거북이의 엉금엉금, 코알라의 느린 동작은 저래도 괜찮은가 싶다. 아니 그리고 나무늘보는 대체 어쩌자는 것인지? 보는 사람의 인내심을 시험하기 위해 태어났나? 하여튼 팔자 좋다 좋아. 어느새 보는 이는 훈계라도 하나 해주려는 심산이다.

전혀 다른 속도로 사는 동물을 의아하게 여기는 와중에도 우리는 느린 동물을 콕 집어서 희화화하고 놀리길 좋아한다. 마치 느리다는 것 자체를 근본적으로 우습고 모자란 것처럼 여기는 것 같다. 그러나 여기서 가장 중요한 질문은 이것이다. 빠르게 움직여서 대체 무엇을 하려는 것일까. 과정을 이수하고 도달해야 할 곳이 있는 것도 아닌데 서둘러야 하는 이유를 물으면 아무도 대답하지 못한다.

우리 앞에는 그저 삶이 있을 뿐이다. 오늘을 빨리 해결한다고 해서 내일을 미리 당겨 해치울 수는 없다. 배가 터지도록 밥을 먹어 두어도 다음 끼니가 가까워지면 다시 허기가 찾아온다. 그럴 수만 있다면 오늘 머리를 열 번 감고 앞으로 열흘 동안은 여유를 부리고 싶지만 안 될 말이다. 싫든 좋든 하루하루를 정확히 그 시간의 보조에 맞춰 사는 수밖에 없다. 그게 게임의 기본 원칙이다.

첨단기술이 발달한 미래에 동물을 인터뷰하게 된다면 아마 그들 중 누구도 스스로 느리거나 빠르다고 생각하지 않는다는 걸 알게 될 것이다. 왜 그리 느리게 사십니까? 하고 질문을 던지면 긴 침묵이 이어진 후 다음과 같은 대답이 돌아오지 않을까. 글쎄요, 무엇을 질문하는 건지 모르겠습니다. 저는 지금이 딱 좋은데요. 어쩌면 또 한참 침묵이 흐른 뒤 우리에게 되물을지도 모른다. 그럼 어떻게 살아야 하는 건데요? 그리고 왜요? 인간과 동물과의 대화는 기술이 부족해서가 아니라 서로 할 말이 없어서 오래 지속되지 않을 공산이 크다.

바쁜 일상을 보내다 모처럼 얻은 휴식 시간. 미뤄두던 운동을 하기로 한다. 운동화 끈을 매고 밖으로 나선다. 강변으로 나가 흐르는 물을 따라 달린다. 쌩하는 소리와 함께 자전거가, 이어서 인라인스케이터가 나를 추월한다. 마침 새들의 무리가 강의 수면 위를 낮게 비행한다. 그 아래 물고기들은 보일락 말락 물살을 가른다. 모두 유유하고 완만하게 길에 국한된 나를 앞서 나간다. 오랜만에 뛰어서 그런지 처음이 조금 힘들다. 하지만 이내 내게 맞는 속도로 페이스에 돌입한다. 어라? 혼자가 아니다. 나와 정확한 보조를 맞추고 있는 하루살이 한 무더기가 합류했다. 뭐가 좋다고 내 머리 위에 맴도는 건지. 때맞춰 아래를 본 덕분에 피할 수 있었다. 나와는 전혀 다른 자신만의 템포로 길을 재촉하고 있는 애벌레 한 마리를. 속도라는 하나의 속성만 살펴보아도 이토록 다양한데, 살아있는 존재들의 모든 속성의 다름은 얼마나 풍부하고 화려할까. 상상도 되질 않는다. 뛰고 나니 들린다. 심장 박동이, 그동안 잊고 살았던 나만의 속도가 들린다. 살아있다는 가장 건강한 증거다.

고유하고 다양한 삶들의 공존

～～～～～～～～～～～～～～～～～
～～～～～～～～～～～～～～～～～

　명절이 가까워지면 마음 한편이 불안하다. 명절증후군 때문
이다. 외국인에게 이 독특한 현상을 묘사하기란 쉽지 않다. 설명
을 해주면 가족들로부터 받는 스트레스쯤으로 대충 이해하지만,
그때부터 더 답답해진다. 이건 세계 어디서나 볼 수 있는 가족 간
의 아웅다웅 다툼과 다르기 때문이다. 가깝고도 먼 친척들이 모
두 모여 나 하나를 붙잡고 개인적인 통과의례를 다그치는 연례
행사가 어떤 걸지 감이 올까. 어떤 집에서는 청문회를 방불케 하
는 구도로 둘러앉아 사람을 몰아세우기도 한다. 마치 당사자의
결혼이나 취업이 그들의 권리나 문제인 것처럼 날카로운 질문들
을 쏟아낸다. 분위기는 삽시간에 냉랭해진다. 대체 내 인생을 두

고 왜 남들에게 미안해야 하는 걸까. 사정이 이렇다 보니 많은 사람이 이 자리를 피하려 애쓰는 것도 무리는 아니다.

그렇지만 명절만 이러할까. 소위 보편적인 통념에 따라 다른 사람의 인생을 재단하고 이래라저래라 참견하는 일은 명절뿐 아니라 거의 모든 날, 모든 이에게 일어난다. 우리가 충분히 인식하거나 인정하지 못하고 있을 뿐이다. 그러므로 이것이 명절에만 국한된 현상인 것처럼 구는 것은 위험하다. 그 순간 사회의 나머지 분야들은 마치 괜찮은 것처럼 보이는 착시 효과가 일어나기 때문이다. 실제로는 정도의 차이에 불과한 데도 말이다.

개인이 제 뜻과 의지 그리고 개성대로 살게 놔두지 않고 지극히 세속적 평균치를 기준으로 그를 훈계하고 나무라고 지시하는 일. 이것이 벌어지는 현장을 보고 싶다면 그저 눈만 돌리면 된다. 내가 일상에서 목격하는 풍경만 나열해도 이렇다. 카페마다 엄마들은 자녀 교육이 어떠해야 하는지를 우렁찬 소리고 외치고, 그들이 보기에 소홀하고 방만한 다른 엄마를 교육하는 데 여념이 없다. 술집마다 직장인들은 좋은 직장을 선택하는 법과 재테크 노하우를 확신에 가득 찬 얼굴로 설교하고, 그들이 보기에 무책

임하고 생각 없는 다른 직장인들을 향해 쓴소리를 날리는 데 거리낌이 없다. 캠퍼스마다 선배들은 수강 신청과 진로를 두고 순진한 후배들에게 썰을 풀고, 젊은이들은 서로 연애 상대를 선택하는 법과 연애의 공식 또는 정도正道를 전제로 한 조언과 질타를 쏟아낸다. 이것은 명절 때만의 문제는 결코 아니다.

경쟁 사회에 사느라 그렇게 되었다고 하지만, 꼭 그 경쟁에 똑같이 뛰어들어야 하는 것은 아니다. 오히려 조금 다른 걸 추구하면 경쟁을 비켜갈 수도 있다. 뭣 하러 꼭 그 틈바구니에서 부대끼며 다투려 하는가? 애초에 원하는 게 다르다면 경쟁 자체가 무의미해진다. 게다가 경쟁의 측면에서 보더라도 모두가 똑같은 걸 원하는 건 내게도 불리하다. 차라리 남더러 다르게 살라고 부추기는 편이 내게 유리할 것이다. 그런데도 우리는 주야장천 사회의 다양성을 죽이는 데 공을 들인다. 그래서 다들 입고 있는 롱패딩과 모피 코트, 나도 기어코 하나 사 입고 무리에 합류하고 만다.

그렇게 해서 얻게 되는 건 그저 전체와 비슷해지는 것, 그뿐이다. 비슷해진 이들끼리는 다른 걸 두고 다시 경쟁하는 것이 수순이다.

자연은 일찌감치 이런 우매한 길을 벗어나 지구를 더 다양하고 결과적으로 더 풍요롭게 꾸미는 데 열중했고, 대지와 바다를 오만 가지 스타일로 수놓았다. 순수하게 디자인 관점에서 보면 조금 과할 정도다.

가끔은 생김새나 생존 방식이 워낙 기상천외해서 대체 어떤 과정을 거쳤기에 저런 작품이 나왔을까 경이롭기도 하다. 도저히 생명이 살 수 없을 것 같은 가장 극단적인 환경을 보금자리로 삼지를 않나, 썩어가는 시체만을 골라 섭취하질 않나.

가령 남극해에 사는 어떤 물고기들은 혈액에 추운 수온을 견딜 수 있는 일종의 '부동액' 성분이 들어있다. 건조한 사막에 사는 도깨비도마뱀은 생김새도 특이하지만, 수분 흡수를 최대화하기 위해 피부로 물을 빨아들이는 진귀한 능력을 지녔다. 부패하는 고기를 골라 먹는 독수리들의 벗어진 머리는 썩는 시체를 헤집기에 그만이다. 이들의 장에는 강력한 미생물들이 포진하고 있어 웬만한 균이 들어와도 끄떡없다. 아이아이원숭이는 두말할 필요 없이 한 번 봐야할 정도로 독특하다.

생명의 세계에서는 누구도 개성에 관해 명함을 내밀지 못한다. 워낙 다들 한가락씩 하는 분위기라 그렇다. 물론 이 세계에도 경쟁은 있다. 종내, 종간 경쟁과 먹이와 짝을 두고 치열하게 벌이는 경쟁은 자연계에서 흔한 풍경이다. 하지만 이는 생물권과 생태계를 구성하는 한 가지 원리에 불과하다. 이 시스템은 여러 종류의 생물이 함께 살지 않고서는 유지되지 않는다. 또한, 경쟁은 거의 언제나 분화로 이어진다. 끝까지 경쟁에 골몰하는 대신 누군가는 반드시 다른 갈림길로 방향을 튼다. 결과적으로 경쟁은 차이를 만들어낸다. 자기만의 고유한 삶의 방식을 갖지 못하는 생물은 살아남지 못하는 체계라 해도 과언이 아닐 것이다.

인간의 관점에서는 시궁창 같은 곳이 어떤 생물에게는 평생의 편안한 보금자리다. 우리는 죽었다 깨어난다 해도 그들을 이해할 수 없을 것이다. 나와 전혀 다르게 사는 누군가를 제대로 이해할 수 없는 건 어쩌면 당연하다. 모두를 쉽게 이해할 수 있었다면 이미 나는 다른 사람이 되어있지 않을까.

이해할 수 없는 것에 대한 거부감은 쉽게 생성된다. 그리고 그 감정을 바탕으로 가치판단이 이루어진다. 하지만 우리는 우리가 더럽다고 불쾌해하는 생물들에게 완전히 의지하고 있다. 그들은 분해와 부패라는 과업을 수행하는데, 이것들은 우리가 할수 없는 일이기 때문이다. 오히려 그들의 관점에서 보면 우리는 하는 게 아무것도 없는 존재다. 인간은 생태계에 어떤 기여라도 하면서 저렇게 떵떵거리고 사는가? 지구의 많은 생물이 우리를 보면서 혀를 끌끌 차고 있을지도 모를 일이다.

그러나 기여도 역시 생명을 판단하는 기준이 아니다. 자기가 속한 생태계의 일원으로 잘 살기만 하면 그것으로 이미 세상에 기여하는 것이다. 중요한 건 생태계의 일원이 된다는 바로 그 점이다. 생물이 생태계의 어엿한 구성원으로서 살아갈 수 있게 해주는 것. 그것은 각자 고유한 삶의 방식이 있는 생물들이 존재하고, 그들이 다른 여러 삶과 잘 맞물려 돌아갈 때 가능하다.

살아있는 한 존재가 다른 존재와 같아지는 것은 어색한 일이다. 어색한 정도가 아니라 생명의 본질에 배치되는 억지다. 물론 우리는 모두 같은 인간이라는 엄청난 공통분모가 있다. 그러나 이를 훌쩍 뛰어넘는 다름 역시 가지고 있다. 개개인은 매일 각기 다른 세상을 겪고 통과하면서 만들어지므로 그럴 수밖에 없다.

우리와 지구를 나누어 쓰는 그 수많은 생명체 역시 마찬가지다.

살아있다는 건 각자에게 고유한 삶의 방식이 있다는 것이다. 혹

여 이해가 안 되더라도 마땅히 축복할지어다.

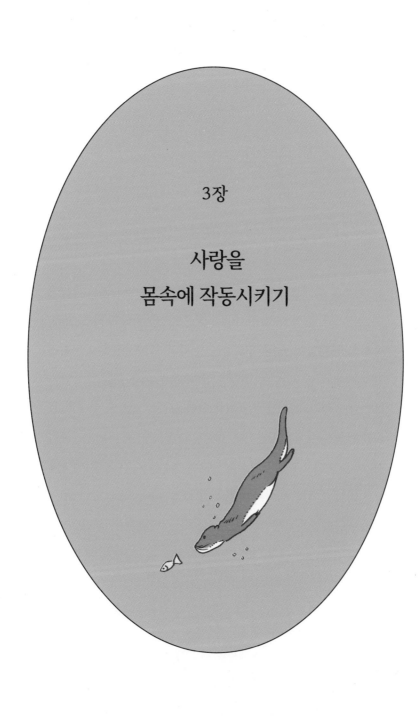

3장

사랑을
몸속에 작동시키기

하루를 즐기겠다 마음먹으면 어디로 향하는가? 물론 사람마다 다르지만, 점점 더 많은 이들이 상권으로만 몰리고 있다. 카페, 음식점, 백화점, 쇼핑의 거리 등등. 취향과 목적이 달라도 서비스업의 세계로 들어간다는 점만은 같다. 물론 어떤 이들은 야외로 나가기도 한다. 하지만 스포츠나 산행을 하는 이들도 결국 어떤 식당에 들르는 게 대부분이다. 필요한 것을 얻기 위함이기도 하지만, 실은 고객으로서 서비스를 받고자 하는 욕구가 모든 위락의 기본 바탕이 된다. 남이 수고를 하고 나는 누리는 설정. 그것이 선사하는 편의성과 대접받는 느낌에 우리는 이끌린다. 아무것도 사지 않고 그냥 보기만 하더라도 나는 잠재적 소비자로서 대우받을 권리가 생긴다. 깍듯한 인사와 함께. 밖에서는 그냥 아무개이지만 상점에 들어서는 순간 단숨에 고객님으로 신분이 상승한다.

대접만 받는 것이 아니다. 심지어는 사랑한다는 말도 들을 수 있다. "고객님 사랑합니다!" 여태껏 이토록 공허하게 언어와 문화를 파괴하는 언사는 들어본 적이 없다. 사랑한다니! 아니 언제 봤다고? 세계 어느 문화권에서도 이렇게 사랑을 남발하진 않을 것이다. 사랑이란 단어가 호칭에 포함된 몇몇 드문 예외를 차치한다면, 모르는 사람에게 사랑한다는 고백성 문장을 날리는 경우는 정말로 없다. 물론 하는 사람도 힘들다. 상점에 들어서는 순간 내게 사랑한다고 외치는 목소리의 주인공을 눈으로 좇아 보면 그는 적어도 말을 내뱉는 동안은 아무하고도 눈을 마주치지 않으려 애쓰고 있음을 볼 수 있다. 더러 고단수의 감정노동자들은 거의 티를 내지 않기도 하지만, 말을 하면서 얼굴에 어색함이 드러나는 인간다운 인간이 훨씬 많다. 인간적인, 너무나 인간적인 그들 덕에 나 혼자만 이상한 게 아니라는 걸 안다.

이 기괴한 현상은 앞서 언급한 사람들의 대접받고자 하는 마음을 읽은 서비스업계의 과한 대응으로 해석할 수 있다. 그리고 이는 사람들이 사랑을 갈구한다는 반증이기도 하다. 익명의 도시에서 사람에 치여 사는 각박한 현실, 이 인파 속에서 사랑은커녕 친절한 얼굴 하나 발견하기 어렵다. 무관심, 퉁명스러움, 차가움. 거대한 기계장치처럼 돌아가는 사회가 보여주는 가장 흔한 얼굴이다. 상황이 이러하니 사람들도 은연중에 자신을 향해 상냥한 목소리를 내는 곳을 찾아 매장 안으로 들어가는지도 모른다. 아무리 공허한 겉치레 친절일지라도 세상의 싸늘함보다는 나으니까. 그러니까 사랑한다는 완전히 과장된 표현도 그냥 넘어가는 것이다. 어차피 마음을 담은 말이 아님을 알고 있으니까. 그저 언어의 음가만 호의적이면 된 것이다.

하지만 진짜 대신 가짜로 위안 삼는 것에도 정도가 있다. 상업적인 호의와 친절에 너무 많이 노출되고 그 톤과 매너에 익숙해지면 결국 진짜에 대한 감을 잃게 될 수 있다. 연애에서 누가 누구에게 얼마나 '잘 해주는지'가 점점 더 중요한 기준이 되는 것도 서비스 정신에 흠뻑 물 들면서 생긴 현상인지도 모른다. 잘 해주는 것도 중요하지만 그보다는 단연 어떤 사람이냐가 관건일 텐데 말이다. 어차피 서비스의 속성은 지속 불가능성이다. 만족은 잠시일 뿐 계속해서 더 많은 걸 원하게 되어있다.

그래서인지 아무런 뜻도 맥락도 대상도 없는 사랑의 표시가 난무한다. 이제는 누구든 카메라만 들이대면 반자동으로 손가락 하트를 만든다. 이것이 한때 그토록 굳건하던 브이(V)자 동작을 대체했다. 물론 후자도 무의미한 건 마찬가지였지만, 사랑의 생태계와는 무관했다. 그러나 어느새 급속도로 창궐한 제스처인 손가락 하트는 참아주기 어렵다. 엄지와 검지의 한 마디를 겹쳐 생긴 그 부분에서 하트 모양을 읽어내라는 뜻인 것 같은데, 없는 걸 있다고 우긴다고 생기지 않는다. 정말이다. 적어도 내 눈에는 없다. 그게 하트라면 웬만한 바위는 다 용머리라 해도 무방할 것이다. 누가 시작한 어처구니없는 수신호인지 모르겠지만 손가락 끝을 까딱거리면서 겨우 표현되는 것 한 가지는 작은 마음의 크기뿐이다. 그 손짓에 사랑의 마음이 정말로 담겨있다 하더라도 딱 그 크기 정도일 것이다. 하트를 만든 손끝을 비비면 돈을 의미하는 제스처가 된다는 건 이상하게도 누구도 보지 못한다.

오늘날 사랑의 상징이나 그것이 재현되는 양상을 보면 역설적으로 얼마나 사랑이 부족한지, 혹은 얼마나 축소되거나 변질되었는지 여실히 드러난다. 가령 연예인과 팬처럼 사실상 개인적인 관계가 없고 있어서도 안 되는 사이에서 가장 과장된 사랑의 메시지가 오간다. 툭하면 텔레비전 화면 속 누군가가 불특정 다수를 향해 사랑한다고 하는 말. 대체 어떻게 받아들여야 하는 걸까? 실은 아무도 특정해서 지칭하고 있지 않고 그래서 의미가 없다는 걸 모두가 알지만 이는 하루에도 골백번 반복된다. 굳이 해석하자면 자신이 누리고 있는 한시적인 인기 자체에 대한 지극히 실리적인 고마움을 표현한 것으로밖에는 달리 이해하기 어렵다.

세상을 향해 외치는 그 말들이 진정으로 세상을 향한 것이라면. 그러면 얼마나 좋았을까. 무대에, 단상에 올라서 내미는 사랑의 손길이 정말로 이 넓은 세계의 구석구석을 어루만져주고픈 무한한 아량과 이해심의 발로였다면 세상이 얼마나 달라졌을까. 허황한 상상을 즐겨서가 아니라, 텅 빈 사랑의 징표들이 곳곳에 널렸기에 드는 생각이다. 우리가 사는 실제 세상에는 사랑이 너무 부족하다. 그냥 부족한 정도가 아니라, 없어도 너무 없는 상황이다. 매일 같이 재난과 사고 뉴스가 도배되지만, 이제는 그것 또한 일상일 따름이다. 매일 마시는 공기가 생명을 위협하는 수준에 이르러 마스크를 쓰는 것이 생활화되었는데도, 타인의 희생은 당연시하면서 내 삶, 내 사업장, 내 사사로운 세계만은 철저히 보호한다. 심지어는 더 큰 사랑을 외치는 사람들을 헐뜯는 데 에너지와 시간을 할애하기도 한다. 또는 아예 눈을 감고 보려 하지 않는다. 예의고 체면이고 내던지고 앞다투어 남들로부터 빼앗은 자리에 앉아 누군가에게 문자로 하트를 뿅뿅 날리는 사람, 불행히도 너무 흔한 유형이다.

사랑의 적용 범위를 넓혀야 한다. 우리에겐 실리적 차원을 넘어서는 사랑이 지금 그 어느 때보다 절실하게 필요하다. 그것이 부족한 세상이기에 그토록 공허한 메시지와 이미지가 생산되고 유포되는 것이다. 이 조류에 함몰된다면 마치 이 세상에 사랑이 넘쳐 난다고 착각하게 될지 모른다. 관심과 애정이 요구되는 곳이 얼마나 많은지는 모른 채 말이다. 하지만 다행히도 우리에겐 태생적으로 주어진 감이 있다. 누구나 들여다보기만 하면 정직한 답을 내놓을 줄 아는 천부적 능력이 내재되어있다. 그것은 살아있다는 감이다. 살아있다는 건 몸속에 사랑이 작동한다는 것이다. 그 힘과 원리를 믿고 진정성과 포부를 담아 사랑을 펼쳐보자. 더 넓은 세상을 향해서.

실패할지라도 발걸음을 내딛기

푹푹 찌는 어느 더운 여름날 가뭄을 해갈하는 비가 쏟아졌었다. 어찌나 고맙던지 나는 빗속으로 기꺼이 걸어 들어갔다. 아쉽게도 거셌던 빗줄기는 금세 약해졌다. 하지만 사람들은 여전히 비를 피하고 있던 터라 거리엔 아무도 없었다. 문득 파르르 소리가 들려왔다. 짝짓기하는 잠자리 한 쌍이었다. 정신을 차리고 보니 옆에도, 그 옆에도, 또 위에도, 사방에 잠자리 커플이었다. 기하학적 모양으로 한 몸이 된 두 존재가 빗방울 사이로 비행하는 모습. 살아있다는 건 당당하고 떳떳하게 사랑한다는 것임을 보여주고 있었다.

옛 생각이 떠오르는 순간은 예기치 않게 찾아온다. 갑자기 켜지는 마음속 촛불 하나. 오랫동안 어둠에 가려졌던 기록이 밝혀진다. 바깥을 향해 열려있던 감각기관은 순간적으로 접수되는 신호를 등록하지 못한다. 옛 기억을 불러일으키는 어떤 광경을 목격하거나 단어의 조합을 들었을 때, 순간적으로 뇌에 알 수 없는 부하가 걸린다. 혹자에 의하면 냄새가 가장 강력한 동인을 제공한다고도 한다. 뜬금없는 장소에서 어디선가 소독약 냄새가 흘러나올 때, 아주 어렸을 적 불안에 떨며 병원에 앉아있던 기억으로 줄달음친 경험. 아마 한 번씩은 있지 않을까.

흥미로운 건 일부러 기억을 불러내려 할 때는 마음처럼 되지 않는다는 점이다. 마음먹고 과거 장면을 그리려 하면 그 해상도와 구체성이 현격히 떨어진다. 우연히 얻은 단서로 잊은 줄만 알았던 추억의 파일이 갑자기 재생될 때, 그때 그 과거는 잠시 현재가 된다. 무척이나 생생하고 현실감 있게 말이다.

마음을 싱숭생숭하게 만드는 여러 요인 중 가장 흔한 것은 날씨가 아닐까 싶다. 나는 봄날의 따스한 기운이 당도하는 날이면 쉬이 날씨와 같은 기분에 젖어 들곤 한다. 왜 그런지 정확히는 모른다. 생기 완연한 햇살과 함께 공기의 감촉이 유난히 온화하게 다가오는 날이면 아지랑이에 실려 흔들리는 민들레 씨앗처럼 나도 덩달아 붕 떠오르는 것만 같다. 이렇게 좋은 날 실내에 머물 수는 없지. 암 그렇고말고. 생명을 추동하는 가장 근본적인 열원인 저 태양 에너지를 맞을 의무가 모든 생물에게 있지 않은가. 한적하고 해가 잘 드는 곳을 찾아 털썩 주저앉는다. 따스한 바람은 모든 것을 자연스레 내려놓게끔 부드럽게 등을 떠민다. 벌레들이 윙윙 나를 중간에 두고 바쁘게 움직인다. 나도 뭐가 바쁜 일이 있었던 것 같은데… 에라 모르겠다. 이 좋은 날 그런 생각일랑 말자. 지금의 따스함에 집중하자. 흐뭇한 일, 좋았던 시절을 생각하자.

햇살에 취해 두둥실 유영하던 마음이 결국 안착하는 곳은 지난 시절의 캠퍼스. 설렘과 아픔이 마치 손으로 만져질 깃처럼 공기 중에 두텁게 흐르던 시절이다. 회상의 열차를 탄 마음은 왜 이토록 이곳을 즐겨 찾는 걸까? 봄날의 오후에 눈을 감고 있으면 어느새 이곳에 와있다. 꼭 좋은 기억만 있는 것도 아닌데. 피어오르던 것들이 많았던 만큼 낙담하고 지는 것도 많았던 이 시절이 내 무의식에 유난히 인상적으로 남은 걸까. 그렇다면 왜? 아무리 생각해봐도 답은 하나다. 해결하지 못한 마음의 문제들로 되돌아가는 것이다. 이제 와 어쩔 도리도 없는데 다시 떠올려서 좋을 게 뭐가 있는지. 이성을 찾아 스스로 되뇌어도 소용이 없다. 어르고 달래서 다 잊은 것 같다가도 햇살 아래 놓이기만 하면 그 못된 버릇을 버리질 못한다. 세상 떠난 주인을 계속해서 마중 나가는 개처럼.

내 기억이 부리는 황소고집은 사랑에 대한 아쉬움 때문이다. 그런데 그 아쉬움은 사랑의 결과가 아니라 시작과 과정에 대한 집착이다. 제대로 날갯짓을 해보지도 못하고 고꾸라진 관계들을 영혼이 잊질 못하는 것이다. 모르는 사람과 만나 아는 사람이 되는 그 전환이 여전히 기적적이던 그때의 섬세한 감수성은 실패에 더욱 민감했던 것이리라. 홀로 깊이 생각할 것들을 한 아름 안겨주던 사랑의 실패. 모두가 잊으라고 했지만 조금도 진실로 잊은 적 없이, 끈의 끊어진 부위를 언제나 꼭 잡고 손에서 놓지 않았던 모양이다. 그렇지 않고서는 이렇게 오랜 시간이 지난 후에도 찾고 또 찾을 리가 있겠는가.

학창 시절 사랑에 관한 가장 의문스러운 점은 아무도 사랑을 드러내 말하지 않았다는 것이었다. 뒤에서 벌어지거나 뭔가 쉬쉬하는 것. 사랑은 양지바른 곳에 나와있지 못했다. 언제나 음지에서 자라났고 다 성장한 후에야 모습을 드러냈다. 사귐의 과정은 전혀 관찰할 수 없었고, 언제나 사귐 후에만 나타났다. 일부러 관객을 불러 생생한 고백의 현장을 전해야 했다는 게 아니다. 사적인 영역인 사랑을 만천하에 공개해야 한다고 말하는 것도 아니다. 다만 모두가 누군가에게 접근하거나 서로 가까워지는 낌새를 타인이 눈치채지 않도록 철저히 통제하는 데 동참했다는 점을 말하려는 것이다. 누군가를 좋아하는 자연스러운 행동마저 남의 시선을 의식하느라 감추려 노력했고 그것은 곧 게임의 법칙으로 통용되었다.

무슨 호랑이 담배 피우던 시절 이야기냐고 한참 후배들이 비아냥거린다. 하지만 이 나라가 항상 겉으로 내세우는 것만큼 변화를 실천하는 곳이 아니라는 걸 그들은 잘 모른다. 분명히 달라지긴 했다. 사람들은 전보다는 자유롭고 거리낌 없이 표현한다. 하지만 정도의 차이가 있을 뿐 현상의 요체는 여전히 굳건해 보인다. 사랑의 과정은, 또는 과정 중에 있는 사랑은 지금도 함부로 양지로 나오려 하지 않는다. 성공하고 정리된 관계만이 얼굴을 들고 당당하게 사회에 입성한다. 어디에 있는지 아직은 애매한 그 모든 것들, 즉 과정의 어느 단계에 있는 관계는 발 디딜 곳이 없다. 적어도 공개 석상에서는 말이다.

과정에 대한 터부는 실패에 대한 두려움과 직결된다. 과정에 있는 모든 것은 실패의 가능성과 씨름하는 것과 같다. 특히 사랑처럼 어렵고 섬세하고 깨지기 쉬운 것이라면 더더욱. 하지만 뒤집어 본다면 실패는 너무도 자연스러운 일이란 의미가 되기도 한다. 아직 탐색 중인 두 사람은 전혀 모르는 상태와 완전하게 아는 중간 어디쯤에서 마땅히 살피고 고민하고 실험해야 한다. 각자의 개성과 철학에 따라 천차만별인 사랑의 방식이 여기저기서 피고 져야 한다. 한 실험에 실패하면 홀가분하게 다음 실험으로 넘어가고, 그 넘어감에 대해 또는 실험에 대해 어떠한 질타도 가해져서는 안된다. 사랑은 도덕이 아니기 때문이다. 그것은 살기 위한 몸부림이다. 그 몸부림의 핵심이 되는 실험 정신을 위축시키는 행위는 모두 사랑에 반하는 행위다.

과정에 대한 은폐와 실패에 대한 거부감이 여전히 크게 자리하고 있는 이상 사랑의 생태계는 건강하게 작동할 수 없다. 어차피 사랑에 완성이란 없다. 언제나 진행형일 뿐이다. 사회 제도를 통해 약간의 질서를 부여하는 시도만 할 수 있을 뿐, 그렇다고 해서 본질이 부정형인 삶에 각을 잡을 수는 없다. 실패할 때 하더라도 얼마간 몇 발자국이라도 내딛는 것, 그거면 된 것이다. 짧든 길든 기꺼이 사랑의 실험을 함께 감행한다면 아쉬움은 남을지라도 앙금은 남지 않는다. 그러면 시간이 흐른 뒤에도 아무것도 실패로 기억되지 않는다.

마음이 들떠 너무 일찍 깨듯이

오늘은 뭘 하고 놀까? 그것이 문제로다. 어린 시절 아침마다 스스로 했던 질문이다. 마치 중요한 업무를 수행하듯 나는 매일 절도와 성실의 자세로 이 일에 임했다. 놀이를 고민하는 일이라도 분명히 일은 일이다. 그날그날의 중요 일과라는 점에서. 성인 때와 달리 어릴 때는 일이 재미있다. 정말 재미있을 수 있던 이유는 모든 게 진지했기 때문이다. 아이들이랑 놀아보려 노력해본 어른들은 안다. 그냥 '놀아주는' 마음으로는 얼마나 쉽게 질리는지를. 시시하지만 심심풀이로 한번 뭐. 이런 자세로 노는 건 노는 게 아니다. 놀려면 놀이를 믿어야 한다.

어릴 때 나는 무엇을 가지고 놀지 선택하는 것에 방점을 두었다. 이것이 나만의 특징이었는지 아이들의 일반적인 행동인지는 잘 모르겠다. 나는 오늘의 놀이가 무엇이 될지 결정하면서 그 과정을 톡톡히 즐겼다. 마음먹기에 따라 이는 1초 안에 끝나기도 했고 반나절이 걸리기도 했다. 하지만 아주 느긋하게 사안을 검토할지 언정 급하게 서두르는 일은 좀처럼 없었다. 그만큼 그 선택 자체가 놀이의 큰 부분을 차지했다.

비교적 좋은 환경에서 자라며 장난감도 제법 많았지만, 내가 선택하는 즐거움을 알았던 건 주어진 선택지가 다양했기 때문만은 아니었다. 차분히 돌아보면 내가 매료되었던 것은 순전히 내 의지와 취향으로 시간을 채울 수 있는 자유와 힘이었다. 내가 고르기만 하면 그것으로 정해지는 그 맛! 그것만 한 게 없었다. 그래서 하루하루가 기다려지는 것이었다.

선택을 내릴 때는 온갖 다양한 변수를 반영했다. 날씨와 분위기 같은 거시적 지표는 물론, 그날따라 눈에 띄는 것이 있는지, 한동안 놀지 않았던 건 무엇인지, 어제 텔레비전에서 봤던 것 중 오늘 해보고 싶은 건 없는지 그때그때 상황에 따라 결정했다. 말하자면 상당한 수준의 기획이었는데 봐주는 이가 아무도 없어도 조금도 개의치 않았다. 내가 만족하면 그뿐, 남의 인정 따위는 안중에도 없었다. 오히려 타인의 개입은 귀찮고 불편한 것이었다. 한창 좋은 생각의 흐름을 타고 있는데 누군가 갑자기 쑥 들어와 "너 지금 무얼 하니?" 하고 묻는 것만큼 산통을 깨는 건 없었다. 아니 대체 어디서부터 설명하란 말인가? 얼마나 정교하고 복잡한 경로를 거쳐 동물원 놀이를 하기로 어렵게 결정을 봤는데. 게다가 이건 그냥 동물원이 아니야. 개장 시간이 끝나 손님이 아무도 없는 텅 빈 신비로운 동물원이란 말이다. 이제 곧 있으면 늑대와 하이에나들이 합창할 시간이야. 나 지금 바쁘니까 좀 가만히 놔둬.

곧바로 놀이에 돌입하지 않고 선택을 위한 혼자만의 회의를 거치는 일에는 또 다른 이점이 있었다. 그 시간은 나 자신을 돌아보게 했다. 보통 아이들에게는 처음에만 신나게 가지고 놀다가 이내 구석에 던져둔 인형과 퍼즐 같은 것들이 상당수 있게 마련이다. 이제는 잊힌 장난감들. 애니메이션 영화 <토이스토리>의 줄거리 아닌가. 하지만 나는 아니었다. 물품 대장을 점검하듯 내가 현재 무얼 가지고 있는지, 최근 놀이 경향은 어땠는지를 살펴봄으로써 내게 완전히 잊히는 품목은 거의 없었다. 그것이 새로운 걸 갖고 싶은 마음까지 잡아주진 못했지만 적어도 언제나 상황 파악은 하게끔 해주었다. 나와 내 일인 놀이에 대해서.

놀이에 다다르는 과정 자체가 또 하나의 놀이라는 것, 이것이 핵심이다. 좋아하는 무언가를 기다릴 때를 떠올려 보면, 시간이 어서 흘러 그 순간에 당도하길 바라기도 하지만, 한편으론 시간이 너무 빠르게 흐르는 것도 바라지 않게 된다. 그때만큼 행복한 순간도 없기 때문이다.

삶은 기다려지는 게 있을 때 가장 살만하다. 오랫동안 손꼽아 기다린 여름 여행의 출발일이 점점 가까울수록 설렘은 극에 달한다. 막상 출발하는 날은 어리둥절하다. 챙길 것도 많고 몸과 마음이 바빠지면서 즐거움 자체에 집중하는 건 조금 어려워진다. 오히려 여행의 각종 골칫거리로부터 완전히 자유로운 채 그저 떠난다는 사실을 가장 달콤하게 음미할 수 있을 때는 떠날 날을 기다리는 시간이다.

우리는 어쩌다 한 번씩 이런 낙이라도 바라보고 또 누리며 산다. 그렇다면 인간 외에 다른 생물들은 어떨까. 그들도 특별히 날을 잡아서 평소에 하지 않던 걸 하며 즐길까? 꿈꾸며 기다리는 맛을 알까? 알 수 없는 노릇이다. 먼 길을 떠나야 하는 철새나 나비들은 어쩌면 떠날 날이 임박한 여행자와 비슷한 심정일지도 모른다. 실제로 철새들은 날아갈 때가 가까워지면 가만히 있질 못하고 좀이 쑤신 듯 부산한 행동을 보이기도 한다. 하지만 따뜻한 남쪽 나라로 가는 그 긴 여정은 재미와 향락을 찾아 떠나는 여행과는 사뭇 다르다. 때로는 수천 킬로미터를 휴식도 없이 주파해야 한다. 상당한 체력저하와 체중감소를 겪으며 죽음을 불사하는 고난의 과정이다. 감소는커녕 체중증가를 안고 돌아오는 우리의 여행과는 무척 대조적이다.

특별한 오락거리를 기획하지 않으며 살아가는 동물들은 오히려 그래서 더욱 삶의 소소한 낙을 섬세하게 느낄지도 모른다. 열심히 보낸 하루를 마감하며 잠자리에 들 때 내일에 대한 기대로 작은 가슴이 부푼 그들을 상상해본다. 가령 온종일 숲을 쏘다니며 도토리와 씨앗을 수집하는 다람쥐, 집 주변을 삼차원으로 샅샅이 뒤진 후에 보금자리인 작은 구멍으로 돌아오는 그의 마음은 보람에 넘칠까 무덤덤할까. 건조하고 정확한 시선만을 허하는 과학은 이런 질문은 거들떠보지도 않겠지만, 자연에 대해 실은 가장 궁금한 건 이런 것이다. 나무 구멍 안에 달빛조차 사라져 캄캄할 때, 얼마나 시간이 지나야 그 작은 머리가 쌔근쌔근 숨소리와 함께 꿈나라로 떠나는지, 나는 그것이 알고 싶다. 그리고 동시에 모르고 싶다. 영원히.

그중에서도 특히 겨울잠에 드는 동물들의 심정은 남다를 것이라 상상해본다. 해가 점점 짧아지고 기온이 하루가 다르게 떨어지는 걸 체감하며 조금씩, 조금씩 준비에 들어간다. 몇 달 동안이나 거닐지 않을 정든 숲을 지긋이 바라본다. 참 이럴 때가 아니지.

열심히 먹던 일로 다시 돌아간다. 포동포동 찌워놔야 추운 겨울을 견딜 수 있다. 영차 냠냠. 그리고는 어느 날 바깥세상을 뒤로하고 부드러운 낙엽 카펫이 바스락거리는 굴로 들어간다. 잘 자. 잘 있거라 세상아.

그렇게 잠에 빠져 하루, 이틀, 그리고 수 주가 지나는 동안 무의식에서는 기대감이, 희망이 모락모락 피어난다. 지금쯤이면 좀 따뜻해졌으려나? 아 올해는 또 어떻게 펼쳐질까? 그 수많은 식사와 만남, 움직임들. 나는 내가 다람쥐라서 참 좋아. 다람쥐로 사는 그 맛이. 입맛을 쩝쩝 다시다가 어느 순간 퍼뜩 눈이 떠진다. 응? 지금 몇 시지? 나는 누구 여기는 어디? 어쩌면… 봄일까? 바깥을 바라보니 여전히 하얀 겨울이다. 아, 너무 미리 깨버렸구나. 다시 자야지. 그런데 잠은 오지 않는다. 눈동자는 말똥말똥하다. 마음이 들떠 너무 일찍 일어났구나. 하하. 나도 참. 그래도 덕분에 내가 살아있다는 것을 알았으니 좋다. 봄아 조금만 기다려라. 조금만… 쿨.

두려워 않고 반응을 기대하고 기다리기

지금 우리의 민족성을 가장 잘 표현하는 말은 무엇일까? 단언하긴 어렵지만, 우리에겐 다른 문화권에 비해 확실히 두드러진 몇 가지 특징이 있다. 단연 눈에 띄는 한 가지는 남보다 뒤처지길 싫어한다는 점이다. 학업, 취업, 결혼, 출산, 내 집 장만에서 노후대책까지 내 삶을 산다기보단 남들과 비교해 뒤떨어지지 않게 사는 게 더 중요한 거처럼 보인다. 무슨 일이 있어도 뒤처지지 않는 것, 거의 만인의 좌우명이 아닐까. 속도전이 뜨거운 분야가 또 있다. IT와 관련된 모든 것이다. 최신 스마트폰과 앱, 새로운 전자 상거래 모듈이나 인공지능 기술이 이곳만큼 즉각 도입되고 환영받는 곳은 없다. 그러나 하나에 좀 익숙해질 때쯤이면 다시 새로운 것들을 발견한다. 다른 사람들은 이미 다 다른 것으로 옮겨갔다고 누군가 안타까운 듯 귀띔해준다. 아직도 구닥다리에 머물러 있느냐 다그치는 광고 문구가 지하철과 버스를 도배하고, 최신 유행이 모두의 행동강령이자 당연한 기준이 된다. 그전에 쓰던 기기에 하자나 치명적 한계가 있어서가 아니라, 그저 옮겨 타기를 위한 옮겨 타기가 계속된다. 그리고 이것을 꼬드기고 정당화하기 위해 억지에 가까운 기술 개발이 무한 반복된다. 상황이 이렇다 보니 까딱하면 형편없이 뒤처져있다는 사실이 발각된다. 말 한마디 잘못한 순간 시대에 뒤떨어져있음이 만천하에 폭로된다. 별생각 없이 예전 상식을 내뱉으면 좌중에서 충격의 탄식이 터져 나온다. 누가 요즘에 그런 걸 해? 너 어디 가서 그런 얘기 하지 마라.

첨단기술과 이를 도입한 기기를 최신식으로 업데이트하고자 하는 열정은 그 기기를 통해 유통하고 접하는 콘텐츠에도 유사하게 적용된다. 지금 '핫'한 노래, 드라마, 시리즈 그리고 연예인에 대한 식견은 역사나 자연 따위의 영역보다 훨씬 우대되는 중요 상식이다. 젊은이들은 그들만큼 시대 변화의 첨병에 있지 못한 세대를 한심한 듯 일축하고, 나이 든 이들은 어떻게든 마음만은 젊은이들과 여전히 닿아있다는 점을 부각하려 애쓴다. 젊은 오빠, 미시, 꽃중년 같은 호칭이 난무하는 데에는 다 이유가 있다.

이렇게만 보면 마치 이곳은 변화의 가치를 추앙하며 시시각 각 변하는 역동적인 곳일 것만 같다. 하지만 과연 그런가? 다이내 믹한 변화를 거치기도 했지만, 어떤 면에서는 여전히 지극히 보수 적이다. 가령 명절의 모습은 시대가 바뀌어도 그대로다. 부엌일에 매달리는 것은 여전히 여성들이고, 남성들은 여전히 거실에 앉아 노닥거린다. 학업, 취직, 결혼의 성적표가 시원찮은 사람들은 매년 똑같은 질문과 지긋지긋한 설교에 시달린다. 돈과 정치를 주제로 싸우고, 대충 무마하고 헤어진 다음, 교통지옥에서 휴일의 반 이 상을 허비하며 마무리한다. 한쪽에선 이기적 개인주의가 판을 치 지만 여전히 결혼은 당사자가 아닌 소위 집안의 일이며, 사회가 바 뀌었다고 하지만 여전히 좋은 직업은 아직도 '사'자 돌림 직종이라 고 모두가 입을 모은다. 코앞에 기후변화와 쓰레기 대란의 위기 가 닥쳤는데도 가정과 기업, 사회 전체의 혁신을 위한 작은 시도 는 곧바로 강한 반발에 직면한다. 과연 이런 곳이 변화를 숭상하 는 나라라 할 수 있을까.

그럼에도 부정할 수 없는 크나큰 변화가 있다. 연락 수단의 폭 발적인 증가와 그 효율의 엄청난 발전이다. 스마트폰을 사용하는 사람들의 모습을 보라. 스마트폰에는 기본적인 문자와 통화 기능 외에 카톡, 라인, 트위터, 인스타, 페이스북 등 수많은 프로그램이 포진하고 있다. 인터페이스와 이용문화가 조금씩 다르다지만 궁극적으로 이것들 모두 누군가와 소통하기 위한 수단인데, 이토록 다양하게 있어야 할 만큼 소통하고픈 사람과 소통의 양 또한 다양한지는 미지수다. 옆에서 슬쩍 보면 애플리케이션도 맨날 쓰는 것만 쓰는 것 같고, 소통을 하는 상대도 보통 거기서 거기다. 스마트폰마다 장착된 하이테크가 의아해지는 대목이다.

할 말이 많은 것도, 말할 상대가 여럿인 것도 아닌 보통 사람들의 손에 쥐어진 이 휘황찬란한 커뮤니케이션 장비는 때로 사람을 한없이 무기력하게 만든다. 내가 동원한 채널이 많을수록 소통의 만족감보다는 불통 또는 무반응을 얻을 확률이 높기 때문이다. 잠재적으로 연락할 수 있는 사람이 많으면 많을수록, 연락 매체가 많으면 많을수록 각 네트워크에 할당할 수 있는 시간은 줄어들기 때문이다.

오랜 시간 서로 연락한 적 없는 번호가 주소록에 얼마나 많은가? 전화는 물론, 문자, 채팅, 댓글, 쪽지 어느 하나 하지 않았다는 사실만이 오롯이 남는다. 이토록 다양한 소통 채널은 사실 소통이 제대로 이루어지고 있지 않음을 드러낸다.

지금은 누구나 각자의 휴대전화를 손에 쥐고 살아가지만, 불과 몇 년 전만 해도 전화기는 집마다 한 대씩 있는 게 전부였다.

내가 원하는 사람과 통화하기 위해선 다른 가족 구성원을 통과해야 했다. 오늘날의 통신 감수성으로는 거의 있을 수 없는 일처럼 느껴진다. 애인과 통화할 때마다 상대방의 아버지를 거쳐야 한다고 상상해보라. 많은 경우 전화를 거는 쪽에서도 프라이버시가 없어 내 의지와 상관없이 통화 내용을 공개해야 하기도 했었다. 그런 불편함이 없어진 것은 좋은 일이다. 그러나 일원화된 채널의 장점도 존재했다. 적어도 그때는 짱짱하게 갖춘 통신장비에 아무 메시지도 오가고 있지 않을 때 느끼는 공허함과 허전함은 없었다.

소통의 핵심은 반응이다. 내가 세상을 향해 메시지를 띄웠을 때 그것을 듣고 접수해서 또 다른 메시지로 되돌려주는 것. 그러므로 모든 메시지는 반응을 기다리는 마음이 그 바탕을 이룬다. 누군가 듣거나 말거나 던져놓는 것만으로는 부족하다. 내가 전달하려는 의미를 몸과 마음으로 이해하는 누군가가 어딘가 있다는 전제가 필수다. 그 존재를 향한 벅찬 희망과 기대로 밤하늘을 향해 목청을 틔우는 것은 어떤 생명에게는 소통을 위해 죽음조차도 불사하는 행위일 수 있다. 소리를 냄으로써 다른 무서운 동물들이 내 위치 정보를 알게 되는 위험을 감수해야 하기 때문이다. 그래서 때로는 나의 기대와는 정반대로 죽음의 사자가 화답을 해오기도 한다. 그러나 살아있다는 건 위험을 무릅쓰고 목소리를 낸다는 것. 그리고 어딘가에 있을 그 존재를 찾는 일이다. 살아있다는 것은 삶을 아까워하는 게 아니다. 삶은 더 나아가고자 하는 발걸음이다. 내 목소리에 반응하는 존재에 대한 기다림과 기대의 마음으로.

심장에 목소리를 낼 기회를 주기

어느 날 아침 나는 서둘러 걷고 있었다. 일분일초를 다투는 출근 시간에는 지하철 한 대를 눈앞에서 놓치느냐 잡느냐가 상당한 차이를 만들기 때문이다. 게다가 도로가 좁고 신호등도 잦아 지체되기 쉬운 동선을 걷다 보니 차가 잘 빠지길 바라는 마음이 강해져 눈을 부릅뜨고 교통 사정을 예의주시하게 된다.

그날은 운이 괜찮았다. 거의 도로로 나오자마자 저편에서 버스가 모습을 드러내고 있는 게 아닌가. 오호라 오늘은 일진이 좋은 날인가 보네. 그런데 잠깐, 저건 뭐지? 어떤 꼬부랑 할머니 한 분이 천천히 차도 위를 걷고 있는데 그 속도로 말할 것 같으면 도무지 형언할 수 없는 저속이었다. 할머니는 인도를 바로 옆에 두고 계속 차도에서 걷길 고집하고 계셨다. 위험천만하게 왜 그러시는 거지? 게다가 우려했던 대로 할머니를 비켜 가느라 멈춰 선 차들이 약간의 교통체증마저 일으키고 있었다. 버스가 점점 접근해오자 할머니도 느낌이 왔는지 뒤를 힐끗 돌아보았는데 그때 나와 눈이 마주쳤다. 올라오세요! 나는 눈으로 말했다.

텔레파시가 통했나? 할머니는 내게 쓱 손을 내밀었다. 힘든 걸음걸이에 비해 상당히 확실한 몸짓이었다. 나는 잠시 상황을 이해하지 못했다. 아 손을 잡아달라는 거구나. 할머니는 보도블록의 턱을 오르기 힘들었던 거다. 할머니는 내 손을 꽉 잡았고, 인도에 오른 후에도 바로 놓지 않았다. 버스를 잡기 위해 약간은 뿌리치듯 손을 풀고 올라탄 뒤에도 손바닥엔 약간의 온기가 남아있었다. 출근길에 모르는 사람과 손을 잡은 적이 있었던가. 이상하게 마음이 뭉클했다.

세상은 엄청난 이동의 현장이다. 수없이 오고 가는 사람과 차량을 바라보노라면 대체 왜 저렇게 바삐 다녀야 하는지 이상할 지경이다. 그냥 근처에서 해결할 수는 없는 것인가? 여기가 아닌 저기에 가야만 하는 일이 어쩜 그리도 많을까? 엄청나게 먼 거리도 단 몇 분 또는 몇 시간 안에 훌쩍 갈 수 있는 기술 덕에 이동은 이제 만만한 일이다. 만원 버스나 지하철에서 서서 가는 것을 제외하면 신체에 부과되는 운동의 양은 미미하다. 물론 누구에게나 그런 것은 아니다. 출근길에 만난 할머니처럼 거의 눈에 띄지도 않는 것조차 장벽이 되는 이들에게는 돌아다니는 것만 해도 큰일이다. 하지만 어느 정도의 거동 능력이 있다면 교통수단에 몸을 싣고 강도 넘고 산도 넘어 땅끝마을까지도 하루 안에 주파할 수 있다. 허약한 다리로는 꿈도 못 꾸는 거리를 큰 고생 없이 넘나든다.

이동수단은 장거리 수송을 목적으로 처음 등장했다. 그러나 이제는 마을버스부터 건물 안의 엘리베이터까지, 초단거리 이동 수단이 갈수록 촘촘하게 우리의 생활 영역을 포섭하고 있다. 이제 실내에서 움직일 때도 다리를 이용하지 않는 세상이다. 특히 지하철 계단에 에스컬레이터가 설치된 사건은 실로 커다란 변화를 불러왔다. 걷지 않고도 층을 건너뛸 수 있게 되면서 계단은 다른 이동 수단의 고장 시에만 사용하는 시설로 인식되기에 이르렀다. 움직이지 않으면서 움직일 수 있는 세상. 이동 중에도 쉬지 않고 움직이는 단 하나의 신체 기관은 스마트폰을 쓰다듬는 손가락뿐이다.

여기에 너무 익숙해진 나머지 우리는 직접 몸을 움직여야 하는 이동을 다소 낯설게 느낀다. 더위 때문이 아니라 근육을 쓰느라 땀을 흘리는 건, 마음먹고 헬스를 할 때가 아니면 당연히 하지 않는 일이 된 것이다. 그래서인지 어떠한 이유로 걷거나 뛰어야 하는 사람들의 얼굴에는 단순 피로감을 넘어 불쾌감마저 서려있는 경우가 많다. 마치 "내가 왜 이러고 살아야 하나"하는 표정으로 이동에 육체노동이 든다는 사실을 못마땅해 한다. 그들은 복장에서부터 보행할 의지가 없음을 보여준다. 딱딱한 밑창의 구두, 자유로운 움직임이 아닌 모양새를 신경 쓴 옷차림은 그들이 동動이 아니라 정靜에 초점을 맞추고 있음을 드러낸다.

그 결과 침묵이 흐른다. 몸 전체에서. 어느 동물이나 마찬가지로 역동적인 삶을 살도록 고안된 신체의 모든 부속이 제대로 작동할 기회를 얻지 못한다. 다양한 자세와 움직임이 가능토록 만반의 채비를 한 골격과 근육계의 정밀한 네트워크는 해가 바뀌어도 동원되지 않는다. 갑작스레 평소에 안 하던 운동을 하면 삭신이 쑤시면서 내게 있는지조차 몰랐던 근육의 존재를 사뭇 새롭게 깨닫는다. 아, 내게 이런 하드웨어가 있었구나. 얼마나 사용하지 않았으면 겨우 이 정도 자극에 이토록 피곤함이 느껴질까. 복잡다단한 삼차원 구조의 밀림을 누비던 영장류의 체제體制 중 백 분의 일도 활용하지 않는 삶은 놓치는 게 너무나 많다. 참으로 아깝도다, 몸의 능력을 발휘할 기회를 스스로 거두고 있다는 사실이.

헉, 헉, 헉. 이것은 당황이나 힘듦을 나타내는 소리가 아니다. 내 몸이 작동하는 소리다. 콩닥, 콩닥, 콩닥. 이것은 불안이나 무서

움에 반응하는 소리가 아니다. 이것은 심장의 목소리다. 한순간이라도 멈춘다면 그곳에 딸린 모든 것이 일시에 꺼져버릴 중추 기관이 오늘도 잘 있음을 알리는 소리다. 아니, 기관이라는 말조차 온당치 않다. 그저 하나의 부분이라고 하기엔 너무도 중요하므로. 그는 평소엔 조용히 귀를 대고 들어야만 들릴 정도로 조용하지만, 가끔 귀를 대지 않아도 들릴 만큼 목소리를 키울 때가 있다. 힘을 들여 몸을 움직일 때다. 그제야 들리지 않던 그 소리가 비로소 들린다.

이마에 땀이 맺힌다고 해서, 목덜미가 축축해진다고 해서 뭐가 잘못된 게 아니다. 땀은 생긴 즉시 없어져야 하는 무엇이 아니다. 오히려 오랜만에 몸이 제대로 작동했다는 촉촉한 증거다. 땀을 훔치며 부풀어진 가슴에 손을 갖다 대본다. 손바닥으로 느껴지는 듬직한 박동 소리. 왜 진작, 더 자주 귀 기울이지 않았을까. 그저 심장에 목소리를 낼 기회를 주기만 하면 되는 것을.

사랑은 상태가 아니라 행동이다

- 전시 〈여우기〉로부터 -

인간이라는 단일 종의 서식지. 도시를 생물학적으로 표현하면 이렇게 말할 수 있다. 물론 길거리에는 비둘기들이 행인들의 발을 피해 쓰레기를 주워 먹고, 그 아래 지하에는 쥐와 바퀴벌레들이 어둠 속에서 우글거린다. 그러나 계속되는 인간의 박해에도 불구하고 굳세게 투쟁하며 살아남은 소수를 제외하면, 인간은 인간이라는 하나의 순수한 종으로만 세상을 구성했고, 인간만을 위한 체제를 구축하는 데 괄목할 만한 성공을 거두었다.

그렇지만 희한하게도 인간은 다른 생물에게, 특히 동물에게 굉장한 집착을 보인다. 웬만한 서식지는 모두 뒤엎어버린 덕분에 주변에서 동물을 실제로 만나기란 무척 어려워졌지만, 동물의 문화적 이미지는 넘쳐난다. 그림으로, 상표로, 장식으로, 상징으로. 실체는 배격하면서도 동물이라는 콘텐츠는 쌍수를 들고 반긴다. 내 집에 들이지 않고, 내 재산을 침해받지 않는 선에서 스크린을 통해 접하고 소비하는 대상으로서의 동물에게는 굳건한 위치가 부여되고 있다. 한 마디로 동물의 외형적 매력과 재미만을 추출해 사용하는 것이 당연한 것이 되었다.

많은 사람이 동물을 좋아한다고 얘기한다. 비록 그 동물이 실제 생물체를 조금도 닮지 않은 허구의 상상물일지라도 말이다. 좋아한다는 건 뭘까? 무언가가 좋으면 어찌해야 하는 걸까? 가만히 있어도 된다. 그런데 이상하게 그러고 싶지가 않다. 좋아한다는 그 마음 상태로 충분한 것인데도 그저 가만히 있어선 성이 차질 않는다. 좋아하는 존재를 향해 무언가 해야 직성이 풀린다. 그래야 그 좋아함이 전해지고, 확장되고, 충만해지는 것 같다. 어쩌면 좋아함은 상태가 아니라 행동이다.

어느 날, 나는 여우에 꽂혔다. 살아있는 야생 여우를 실제로 본 적이 몇 번 있다. 아주 어린 시절 바람이 세차던 어느 날 갑자기 뒷마당에 홀연히 등장한 그 자태를 나는 지금도 생생히 기억

한다. 그리고 성인이 되어 떠난 여행에서 두 번째로 보았다. 밤에 한참 잠을 청하고 있는데 쓰레기통을 뒤지는 소리에 바깥으로 고개를 내밀어보았다. 여우였다. 뭘 보냐는 눈초리로 올려다보는 그 당당함에 소음 불만을 터뜨리려 했던 기세가 조금 눌리고 말았다.

지금 주변에 여우는 없지만, 매일 접하는 수많은 이미지 속에서 여우는 어느 순간 내 시야에 들어온다. 여우라는 우아한 단어를 이름으로 가진 더 우아한 생물. 저 오뚝한 콧날, 귀족적인 털, 요염한 꼬리. 저 예리한 눈빛, 경쾌한 걸음걸이, 기민한 몸가짐. 저 영리한 두뇌, 삼가는 자세, 고독한 삶. 그렇다. 나는 여우로부터 온갖 가치를 느끼고 발견한다. 여우는 내 삶 속으로 서식지를 확장한다. 이렇게 나는 한 생명체와 연緣을 만든다.

나는 여우의 이미지에 탐닉한다. 여우의 기막힌 외모를 포착한 모든 시각적 시도를 나는 존중한다. 인간의 예술 능력으로 탄생시킨 여우의 다양한 재현은 여우 형태학의 광대한 은하계를 구성한다. 망막에 여우의 형상이 맺힐 때 신경 다발은 흥분하고 미감은 진동한다. 지구상에 여우처럼 생긴 생물이 생겨났음은 기적이요 축복이요 아름다움이다. 여우의 고유한 미학이 여우의 본질이다.

나는 여우의 이야기에 빠져든다. 이상하게 여우는 보고만 있어도 그 배후에 도사린 이야기가 들려오는 듯하다. 물론 사람이 만든 것들이다. 하지만 여우 없이는 나오지 않았을 이야기들이다. 여우가 자극한 창조적 영감은 표현의 날개를 달고 동화와 신화, 소설과 설화를 탄생시킨다. 이 세상에 투사되는 여우의 존재감은 이야기를 통해 증폭되고 회자된다. 특유의 표정은 냉소를, 특유의 걸음걸이는 총명함을, 특유의 생태는 지성을 자아낸다. 숲속의 주체이자 주인공으로서 여우는 하나의 의미 세계를 관장하는 작은 신이다. 여우만이 촉발시킬 수 있는 이야기가 여우의 핵심이다.

나는 여우의 과학에 몰입한다. 동물은 자신을 말로 설명하지 않는 존재이므로, 과학 연구라는 우회적인 행위를 통해 그 실체에 접근할 수 있다. 환원주의적 세계관으로 생명현상을 수치화하고 관찰을 바탕으로 한 가설 설정과 검증을 통해 생물체의 한 편을 추출한다. 몇 마리가 어디를 얼마만큼 돌아다니는지, 시간에 따라 새끼들은 얼마나 자라고 어른 여우는 얼마나 늙는지, 도시와 시골 여우 중 누가 더 편하고 더 건강한지. 비언어적 자연계에 부여하는 합리적 질서인 과학이 도출한 자료, 여우로부터 파생된 데이터와 그래프, 분석과 고찰을 섭렵한다. 여우 위로 축조되는 정보와 지식체계에 열중한다. 여우에 대한 앎이 여우에 대한 궁극이다.

이미지, 이야기, 과학 등등. 생물을 대하는 여러 가지 방식과 마음의 층위가 있다. 가장 흔한 방식은 생물을 단순 시각적인 대상으로 접하거나 소비하는 것이다. 어떤 이들은 더 나아가 생물을 이야기의 주제로 삼아 상상력을 발휘해보기도 한다. 또는 생물을 과학적 대상으로 삼아 연구를 통해 그 생물의 본질에 더 가깝게 다가가고자 하기도 한다.

그러나 어쩌면 생물은 특정 관점이나 방법론을 통해 탐구하거나 심화할 '대상'이 아닌지도 모른다. 생물과 나를 동일 선상에 놓고 마주하며 온전한 생명체로 여기면 그것으로 충분하다. 우리가 가진 몇 가지 형식으로만 그들을 접하지 않아도 된다. 정신적, 물질적 소유 관계로부터 탈피한 '마주함'이야말로 우리가 추구해야 할 생명에 대한 자세가 아닐까.

생물을 사랑한다는 것의 의미는 수만 가지로 다양할 수 있다. 그러나 무엇보다 중요한 건 그 사랑 자체에 큰 의미를 두지 않는 것이다. 내가 그를 사랑한다는 마음이나, 내가 사랑하는 방식과 노선을 전면에 드러내지 않은 채, 나무 뒤에 숨어 가만히 숨죽이고 지켜보며 남몰래 감탄하는 것이다. 내가 과학자로서, 화가로서, 이야기꾼으로서 숲에 들어섰다는 사실은 별로 중요치 않다. 나의 직업을 위해 잘 훈련된 오감을 오히려 잠시 벗어던지고 그 생물을 있는 그대로 만나는 것. 그것이 생물을 사랑한다는 의미에 근접하는 길일 것이다.

나는 여우와 마주한다. 나와 여우 사이에는 미학도 이야기도 과학도없다. 나는 여전히 여우를 좋아한다. 그러나 그 좋아함은 더는 어떤 심화도, 발전도, 승화도 필요로 하지 않는다. 여우의 특별함은 어느덧 고유한 색채를 띤다. 복잡함 대신 단순함이, 수집과 섭렵 대신 관조와 무행無行이, 사랑 대신 자유가 찾아든다.

'나와 여우'가 아니다. 나, 여우. 여우, 나.

문밖으로 여우가 홀연히 사라진다.

여우야, 안녕.

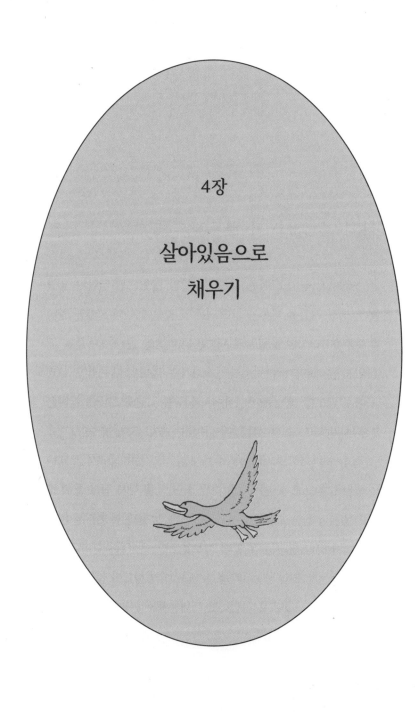

4장

살아있음으로
채우기

눈앞에서 놓치고 마는 버스. 한 발만 빨랐으면 얼마나 좋았을까. 당장 시간을 다투는 급한 용무가 없는데도 왜 그렇게 안타깝고 분한지. 가만히 생각해보면 분함의 가장 큰 원인은 기다림에 있지 않다. 기다리는 것 자체가 대수는 아니기 때문이다. 그러나 아무것도 할 게 없는 승차장에서 상당한 시간을 보내야 한다는 것, 다시 말해 그냥 가만히 있어야 한다는 사실. 그게 대수다.

　같은 시간이라도 내 방에서 보내는 것과 정류장에서 보내는 것은 완전히 다르다. 방에 있었다면 읽던 책을 다시 집어 들 수도 있고, 밀렸던 집안일을 할 수도 있다. 해야 할 일과 하고픈 일이 천지다. 그러나 기다리는 것 외에 아무것도 할 수 없는 환경에서는 주어진 시간이 그저 원망스러울 뿐이다. 대기 시간이 긴 공항이나 대합실의 공기가 그토록 답답하고 무거운 데에는 다 이유가 있다.

강제된 기다림은 시간을 적으로 돌리게 하고, 우리는 그 적을 물리치기 위해 가진 무기를 총동원한다. 이때 단순히 시간을 때울 수 있는 소일거리는 가장 효과적인 수단이 아니다. 그것은 시간을 아예 잊도록 도와주는 무엇이다.

바로 이런 이유로 사람들은 기다림의 시간이 시작되자마자 스마트폰을 곧바로 치켜든다. 이것이 있는 이상 어떤 기다림의 시간도 두렵지 않다. 영화, 음악, 드라마, 게임, 정보 검색, 수다 등 집에서 하던 것들을 똑같이 할 수 있으니 이 얼마나 든든한가. 과연 그 작은 화면에 흠뻑 빠져있는 얼굴들을 보면 시간은 물론 처한 공간마저 완벽히 잊은 것처럼 보인다. 히죽히죽 웃기도 하고, 눈살을 찌푸린 심각한 얼굴을 하기도 한다. 문득 자신이 어디에 있는지 확인하기 위해 고개를 들 때 잠시 이 세상으로 돌아온 얼굴을 엿볼 수 있다. 수면 위로 고개를 내미는 물고기처럼 다소 불편해 보이지만 이내 보던 화면으로 다시 잠수해 안색을 되찾는다. 이제 조금만 더 가면 기다림과 벌이는 오늘의 싸움도 곧 끝날 것이다.

지하철이나 버스에서의 자리 경쟁도 시간을 더욱 효과적이고 편하게 죽이고 싶은 욕구의 발로라고 볼 수 있다. 서있으면 다리도 아프고 지치기도 하지만, 적어도 젊은 사람들에게는 그런 신체적인 이유가 자리를 탐닉하게 만드는 원인의 본질은 아니다. 안정되게 자리를 잡는 게 중요한 이유는 그래야 부대낌 없이 편안하게 콘텐츠를 감상할 수 있기 때문이다. 지하철 자리의 맨 끝을 선호하는 이유도 그 구석이 제공하는 안정감 때문이다. 한 손엔 스마트폰을 들고, 다른 쪽 팔은 팔걸이에 기댈 수 있으니까. 하지만 문 옆에 선 사람이 몸을 너무 들이밀기도 하니 언제나 좋지는 않다. 무료함을 제대로 달래기 위해 고려해야 할 사항은 한둘이 아니다.

좋아하는 영상을 보거나 게임을 하다 보면 시간이 훌쩍 지나 있다. 어느새 내릴 때가 되어 화면으로부터 눈을 뗀다. 기다림으로부터의 해방이다. 이제부터는 그냥 채워 없애버려야 하는 시간이 아니다. 단순히 흘려보내는 게 아니라, 삶으로 채우는 것이 목적인 시간이다. 밥하고, 빨래하고, 정리하고 등등. 휴. 그런데 이조차 해치워야 할 시간으로 여겨지는 이유는 무엇일까? 어느덧 일상에서조차 지하철에서처럼 시간을 흘려보내는 데만 급급해하고 있다.

생각해보면 그렇지 않은 게 없다. 일은 일대로 빨리 해치우는 게 관건이고, 생활은 생활대로 매일 주어지는 숙제처럼 느껴진다. 심지어는 밥 먹는 일도 몰입해서 즐기기보다는 할 일을 생각하며 음식을 질겅질겅 씹고 있는 자신을 발견하기 일쑤다. 그래서 무엇이든 할 수 있는 시간이 주어지면 갑작스러운 자유에 당황하기도 한다. 오랜만에 얻은 이 값진 시간을 어떻게 잘 보내지? 뭘 해야 유익하고 보람되게 썼다고 소문이 날까? 이것저것 해보다 이상하게 손에 붙지 않아 에라 모르겠다며 스마트폰을 집어 든다. 어느새 키득키득 웃는다. 그러다 뭔가 이상해 갸우뚱거린다. 결국 시간을 죽이기 위해서 했던 행동을 지금 똑같이 하고 있지 않은가?

할 것들이 쌓여있어도 다 하고 싶지 않고, 오히려 '시간 죽이기'에 해당하는 일들만 하며 보내는 삶. 많은 현대인이 이렇게 살아간다. 왜 하루하루 흘려보내는 데 급급해졌는지, 모든 걸 내려두고 충실할 수 있는 현재는 언제 오는지, 우리는 모른다. 하지만 그저 모른 채 허비하기에 삶은 너무나 짧고 아깝다. 일주일 내내 살기 위해 어쩔 수 없이 해야 하는 일들을 해치우다 주말에만 잠시 내 시간을 갖는 것, 과연 그것을 삶이라 할 수 있을까? 오만가지 일을 다 처리한 후에, 겨우 짬을 내야만 찾을 수 있는 것을 삶이라 부를 수는 없다. 산다는 일의 총체와 이를 이루는 구성 성분 모두가 삶이어야 한다. 특별히 버리거나 따로 골라서 취하는 것 없이. 마치 동물들처럼.

그들을 보라. 그들은 우리처럼 삶의 우회로를 걷지 않는다. 가령 그들은 먹고 사는 일을 위해 무엇도 미루지 않는다. 바로 먹고 바로 살아갈 뿐이다. 먹이를 열심히 찾고 먹이가 보이면 먹는다. 그렇지만 동물이라고 해서 모든 게 단순하다는 얘기는 아니다. 그들에게도 고려해야 할 사항은 많다. 저게 정말 먹을 만한 것인지, 식구들에게 다 돌아갈 만큼 양은 충분한지, 지금은 포식자가 없는 안전한 상황인지, 여기가 내 영역이 맞는지. 게다가 쉬운 건 아무것도 없다. 모든 노력과 노하우를 총동원해야 뭔가를 얻을 수 있는 삶이라는 점에서 그들과 우리의 삶은 매한가지다. 하지만 한 가지 중요한 차이점이 있다. 동물은 아무것도 처리하거나 해치우려 하지 않는다. 밥을 먹으면 먹었지, 그다음에 해야 할 뭔가를 위해 밥을 허겁지겁 먹지는 않는다. 지금 밥을 먹는 것이 바로 해야 할 일이고 또 하고 싶은 일이다. 물론 밥을 다 먹은 후에는 할 일이 줄줄이 있다. 하지만 그거야 삶이 지속되는 한 당연한 일이다. 그래서 그들에게는 죽여야 할 시간 따위는 없다. 시간을 죽인다는 건 삶을 죽인다는 것이고, 그것은 곧 자신을 죽이는 것이다. 살라고 주어진 시간인데 왜 죽여야 할까? 아마 동물들이 우리의 사정을 듣는다면 무척 어리둥절할 것이다. 쟤들은 대체 왜 저럴까?

그래서 가만히 있을 수 없다. 나를 두고 세상과 시간이 흘러가게끔 마냥 있을 수 없다. 삶의 시계는 언제나 째깍째깍 또렷하게 울린다. 있지도 않은 우회로를 찾는데 공연히 시간을 낭비할 필요는 없다. 방법은 딱 하나. 삶 속으로 퐁당 뛰어들어 폭 빠져 사는 것이다. 한 부분을 잊으려고 하면 줄줄이 사탕처럼 인생 전체가 딸려 떠나버릴지도 모른다. 직시하고 맞이하고 받아들이는 수밖에. 살아있다는 건 그런 것이니까.

괜히 이곳저곳 누비기

시냇가의 물속을 가만히 들여다본다. 그림자가 드리워지는 바람에 재빨리 숨었던 물고기들이 하나둘씩 모습을 드러낸다. 살랑살랑 몸을 휘저으며 여기 갔다가 저기 갔다가를 반복한다. 물은 움직임에 너무도 적합한 매질이다. 물은 곧 움직임이다. 물 만난 물고기. 그 완전한 혼연일체는 전혀 힘이 들어가지 않은 그들의 움직임으로 가장 잘 표현된다. 그중에서도 먹이를 잡으려 할 때나 포식자를 피할 때처럼 특별한 사건이 없을 때 심상하게 보여주는 유유한 움직임이 가장 좋다. 요 수초에 괜히 집적거렸다가, 다시 저 바위틈으로 지나갔다가. 모르긴 몰라도 그냥 저렇게 하고 싶은 게 분명하다. 그리고 그것이 우리와 닮았다.

새로운 곳에 가면 나는 활발해진다. 그 공간의 구석구석을 살피고 싶어지기 때문이다. 눈으로 보는 것만이 아니라 물리적으로 여기저기를 누벼 깨알같이 경험하고 싶은 마음이 든다. 건물에 있는 수많은 방 중 하나만 들어가본다는 건 무척 아쉽고 답답한 일이다. 최소한 층마다 내려서 어디라도 들어갔다 나와야만 그곳에 가보았다고 말할 자격이 주어지는 양 나는 공간을 물리적으로 경험한다. 괜히 복도의 끝까지 걸어갔다가 되돌아오고, 올라갔던 계단과 다른 통로를 찾아 내려온다. 앉아도 되는 모든 의자에는 엉덩이를 붙여본다. 그제야 비로소 그 건물 안에 있는 느낌이 어떤 것인지 이해하게 되고, 그 모종의 심상을 기억의 형태로 간직할 수 있게 된다.

같은 맥락에서 새로운 도시나 마을을 방문했을 때, 차로만 이동한다면 그곳에 다녀온 느낌이 남지 않는다. 운송 수단이라는 캡슐 안에 들어가 공간을 통과하게 되면, 말 그대로 어딘가를 통과했다는 기억만 남게 된다. 아무리 탁하더라도 문을 열어 공기를 들이키며 땅에 두 발을 딛고 서야 정식으로 도착한 게 된다. 그 순간부터라야 나는 그곳에 가본 사람, 그곳에 가기 전의 나로 돌아갈 수 없는 내가 된다.

광활한 지구에서 평생 몇 곳이나 직접 가볼 수 있을까? 평생 여행다니는 걸 업으로 하는 사람일지라도 그가 지구 전체에 남긴 발자국은 미미할 것이다. 결국, 우리는 모두 촌놈. 사는 동안 우리가 할 수 있는 경험의 한계는 너무나 명확하다. 그러니 할 수 있는 경험이라도 제대로 누리는 게 중요하다.

대학생 시절 나는 캠퍼스를 오가며 회의감이 들곤 했다. 이 넓은 학교의 수많은 건물 중 내가 발을 들여놓은 곳은 겨우 손가락으로 꼽을 수 있을 정도였다. 몇 년이나 다녔지만 정작 내가 '가본' 곳은 손톱 정도밖에 안 되는 것이었다. 커다란 호텔에 숙박하는 일도 무의미하게 느껴졌다. 저 거대한 건물 안에 들어서봤자 겨우 갈 수 있는 곳은 내 방 하나뿐, 다른 모든 곳은 나와 무관하다면 대체 큰 호텔에 머무는 의미가 뭔가? 나한테는 그저 방 한 칸일 뿐인데. 공원에서도 나있는 길을 따라 똑바로 걸으면 양옆에 늘어선 나무와 덤불을 그냥 지나치게 되는 것이 안타깝다. 시간과 여건만 허락된다면 나는 대지를 촘촘히 훑고 싶다. 그래야 한 공간을 내 것으로 소화하고 다음 공간으로 넘어갈 수 있다.

주변 사람들은 공간을 물리적으로 경험하는 데 나만큼 집착하는 것 같지 않다. 하지만 가만히 관찰해보면 정도의 차이일 뿐 다들 비슷하다. 사람들도 산책 중에 벤치나 정자가 있으면 아무리 잠깐이라도 한 번씩 앉아보길 원하고, 가보지 않은 곳을 발견하면 그곳을 향해 발걸음을 옮긴다. 길을 걸을 때도 완전히 똑바로 걷는 이가 얼마나 없는지 아는 사람은 알 것이다. 지그재그로 보도블록 전체를 이용하는 사람에서부터 마치 술 취한 듯 흔들흔들 궤적을 그리며 가는 이까지 가지각색이다. 많은 이들이 지나가다 괜스레 담장을 손으로 만지고 드리운 나뭇잎이나 풀을 잡았다가 놓는다. 별다른 이유가 있을 리 없는, 그야말로 그냥 하고 싶어서 하는 행동들이다. 공간과 공간을 채운 사물들을 그냥 통과하는 것이 아닌, 오감으로 경험하려는 손짓과 발짓들. 내 눈에는 이것이 공간을 내 것으로 만들던 내 버릇과 일맥상통하는 것처럼 보인다.

사람들은 새를 부러워한다. 새들처럼 훨훨 날아 창공을 가를 수 있다면! 평생을 땅에 달라붙어 지내야 하는 인간의 신세와 비교하면 정말 말 그대로 하늘과 땅 차이다. 비상飛翔을 향한 부러움은 좀 더 빠르고 편하게 출근하는 방법에 대한 동경이 아니다. 높은 곳에서 보는 멋진 경치에 집착해서도 아니다. 세상 어디든 누빌 수 있는 그들의 자유와 능력에의 갈망이다. 평면적 세상에 나를 복속시키는 중력의 압제에서 벗어나 입체적 우주를 유영하고픈 분더러스트wunderlust(여행 혹은 탐험을 떠나고자 하는 강렬한 욕망)를 마음껏 발산하고 싶은 것이다.

왜 그토록 다니고 싶은 것일까? 이 정체 모를 역마살은 대체 어디에서 기인하는가? 특별히 볼일이 있어서 하늘을 날고 싶은 것은 아니다. 오히려 육상 동물로서 가장 볼 일이 없는 곳을 하나 꼽으라면 바로 하늘이다. 그렇다. 핵심은 '괜히' 하는 데에 있다. 딱히 용건이 있어서가 아니라 괜히, 괜히 여기저기 쏘다니고 싶은 마음. 이것이 '동작하는 생물'인 동물의 본질이자 근본적인 속성이다. 동물은 말 그대로 살아 움직여야만 하는 존재다. 아무런 볼일이 없더라도, 움직임 그 자체가 용건이자 볼일이다.

의자에 오랫동안 앉아있는 것이 만병의 근원이라는 걸 알게 되었을 때 나는 적잖게 놀랐다. 그동안 배웠던 모든 것들이 송두리째 흔들리는 느낌이었다고 할까? 진득하게 엉덩이를 붙이고 앉아 밤늦은 시간까지 공부하는 걸 최상의 미덕으로 여기는 문화권에 자라면서 우리는 암암리에 정적인 것을 숭상하는 법을 배운다. 하지만 우리는 그렇게 만들어진 존재가 아니다. 팔다리를 폈다가 굽히고, 척추를 활처럼 비틀고, 매 순간 자세를 바꿔줘야 한다. 입시와 의자로 만들어진 세상 대신 자연 속에서 살았다면 이런 요건은 자연스럽게 충족되었을 것이다. 실험을 해보면 금방 알 수 있다. 근처 공원에 가서 아무 나무나 붙잡고 관찰해보라. 나무의 부분만 살피지 말고, 시야를 넓혀 나무 전체를 샅샅이 관찰해보라. 그러면 일부러 하려고 하지 않아도 가지고 있는 온갖 근육을 죄다 사용하는 자신을 발견하게 될 것이다. 온종일 클릭만 하는 대신 그렇게 세상을 탐색하며 살았다면 체조나 스트레칭 따위는 애초부터 생겨날 일도 없었으리라.

모든 움직임에는 기능이 숨어있다. 움직이다 보면 먹이도 발견하고, 짝도 찾고, 지리도 익히게 된다. 무엇보다도 세상에 대한 경험이 쌓인다. 하지만 정작 움직이는 그 개체에겐 기능 같은 건 아무래도 좋을 것이다. 그것은 오히려 부차적이다. 근본이 되는 것은 정처 없이 공간 속을 거닐고 싶은 육체의 부름이다. 나를 세상 여기저기에 위치시켜보고 싶은 마음이 끊임없이 샘솟는 원초적인 생명의 에너지다. 겉으로 보기에 비록 무의미해 보일지라도 말이다. 살아있다는 건 그런 것이다. 볼일 없는데도 괜히 이리저리 누빈다는 것.

열탕과 냉탕을 무한 반복하기

어디선가 들려오는 아이의 울음소리. 참으로 또렷하고 우렁차다. 웬만한 소음은 다 뚫고 귓전에 도달한다. 아이고, 시끄러워라. 왜 저렇게 울까. 어른들은 어차피 답을 구하지 못할 질문을 또 던진다. 저 작은 마음이 왜 한순간 괴로웠다가 다시 괜찮아지는 과정을 반복하는지, 과학이 아무리 발전한다 한들 정확히 알 길은 없을 거다. 확실한 건 사람의 마음이란 그냥 가만히 있지 못한다는 사실이다. 평정심이라는 개념은 말 그대로 개념으로만 존재하는 듯하다.

날씨가 변화무쌍하다고 하지만 사람 마음에 비하면 아무것도 아니다. 가장 변덕이 극심한 날씨도 초 단위로 변화의 폭이 오르락내리락하진 않는다. 하늘의 움직임에는 어느 정도 예상이 가능한 흐름이 있다. 비가 한창 오더라도 한바탕 뿌리고 나면 날이 갠다. 그러면 적어도 한동안 괜찮으리라는 확신으로 돌아다녀도 좋다. 물론 그러다 허를 찌르는 이변이 생기기도 하지만 그런 건 아무래도 예외에 해당한다. 보통은 어떤 추이에 따라 맑았다 흐림을 반복하며, 변화는 제법 긴 호흡으로 찾아온다.

변화에 있어 둘째가라면 서러운 게 우리들의 마음 또는 기분이다. 말 그대로 시시각각 이랬다저랬다 확확 뒤바뀌는 희한한 시스템. 이것을 순수하게 물리학적인 관점으로 봤다면 아마 전혀 이해할 수 없었을 것이다. 어떻게 하나의 상태에서 전혀 다른 상태로 저렇게 시도 때도 없이 탈바꿈한단 말인가? 그러고 나서도 가만히 있지 않고 다른 자극이 가해지면 바로 또 변신! 이렇게 변덕이 죽 끓듯 한 것이 세상에 또 있을까? 날씨가 마음 같다면 아무런 예보를 할 수도, 하는 의미도 없으리라.

심리 상태도 정말이지 다양하다. 가령 '좋은 기분'은 굉장히 넓은 범위의 상태를 전부 포괄하는데, 그 안에는 온갖 마음의 단계가 있다. 극상의 환희부터 완전 흥분, 매우 신남, 상당히 들뜸, 제법 좋음, 꽤 괜찮음, 나쁘지 않음까지. '기분 나쁨' 쪽이 보여주는 단계들은 색채와 깊이에 있어서 더욱 풍성함을 자랑한다. 만약 마음의 상태만큼 날씨가 다양했다면 아마 우리가 아는 것보다 훨씬 더 많은 기상 현상이 있었을 것이다.

가만히 생각해보면 참 이상한 일이다. 우리의 마음은 왜 그렇게 만들어져 있을까? 대체 무엇 때문에 저토록 많은 상태 사이를 오락가락한단 말인가? 마음이 빠지는 감정의 폭은 너무도 넓어 최고의 기쁨과 최악의 슬픔 사이의 간극은 차마 헤아릴 수 없을 정도다. 우리는 이미 경험적으로 이를 잘 알고 있다.

그토록 온갖 기분을 느끼고 감정에 휩싸이는 것도 하나의 능력이다. 그런데 무엇을 위한 걸까? 마음의 요동을 한평생 느끼며 살아온 우리는 이 능력이 우리에게 조금 과하게 장착되어 있음을 잘 알고 있다. 내 안에서 매일 일어나는 이 기상이변에 설령 어떤 기능이 있다 하더라도 그것이 마음의 소유자를 힘들게 할 정도라면 뭔가 문제가 있는 것 아닌가? 모두 한두 번 고민해본 질문이 아니다.

그런데 따지고 보면 마음만이 아니다. 몸이라고 해서 조금도 더 무디지 않다. 몸의 컨디션 또한 이루 말할 수 없이 다양한 상태를 오락가락한다. 당장 괜찮았는데 다음 순간 불편한 경우도 허다하다. 이발하고 나서 잘린 아주 작은 머리카락 하나만 옷깃에 끼어도 그 쥐 털만 한 게 어찌나 거슬리는지. 당장 제거하지 않으면 생활이 불가능할 정도다. 약간만 추워도, 약간만 더워도 만사가 다 귀찮아진다. 뱃속은 또 어찌나 변화무쌍한지 거긴 또 다른 하나의 세계다. 몸과 마음이 이러하므로, 우리는 한 마디로 바람 잘 날 없는 존재들이다. 그래서 가끔은 돌을 보며 부러워하기도 한다. 엎치락뒤치락 없는 그 항상성을 바라보며.

그러나 싫든 좋든 우리는 살아있는 생명이다. 비록 때로 버거울지라도 나를 들었다 놨다 하는 내 안의 날씨 변화도 나의 일부다. 그것도 매우 핵심적인 부분이다.

만약 기분을 느끼는 능력이 우리에게 없거나, 지금보다 훨씬 둔탁한 상태로 주어졌다면 어땠을까? 기분이 좋을 때와 나쁠 때가 구별은 되지만 그 차이가 크지 않고, 마치 감각이 둔해진 것처럼 조금 덜 선명하게 느껴진다고 상상해보자. 어쩌면 생활은 더 편해질지도 모른다. 이런들 저런들 크게 타격받지 않을 테니까. 좋을 때 예전만큼 좋지 않은 게 아쉽지만 대신 나쁜 것도 덜해지니 괜찮은 거래라 할 수 있을 것이다.

그러나 우리는 이미 이것을 모두 경험해보았다. 노화라는 과정을 통해서다. 나이가 들면서 나를 흥분시키고 들뜨게 하던 것들이 예전만큼 그 긍정적인 힘을 발휘하지 못하고, 나를 힘들고 슬프게 하던 것들에도 점점 무덤덤해진다. 기분 변화의 폭도 역력히

좁아진다. 한때는 생일이 가까워지는 것만으로도 뛸 듯이 신이 났는데, 이제는 당일이 되어도 아무 느낌도 없다. 오히려 무의미해지는, 무덤덤해지는 것들이 많아진다. 그래서 하루하루가 비슷하게 굴러간다. 어제의 상태와 오늘의 상태가 수렴해간다.

백이면 백, 노화에 접어든 이는 젊음을 그리워한다. 비록 아프고 괴로운 시절이었을지라도, 그 시절 그 아픔의 능력이 얼마나 소중한지 깨닫는 것이다. 그래야 사는 것 같으니까, 살아있다는 느낌은 양극단 사이를 무한히 진동하며 생성되는 그 무엇이니 말이다. 진동을 위해서는 양극 사이에 제법 거리가 있어야 한다. 기쁨의 고高와 슬픔의 저低 사이가 상당해야 한다. 그래야만 기쁠 때 정말 기쁘고, 슬플 때 정말 슬플 수 있는 기적 같은 능력이 발휘될 기회가 주어진다.

그렇게 우리는 기쁨의 꼭대기와 슬픔의 골짜기 사이를 끊임없이 오간다. 마치 열탕과 냉탕 같은.

우리가 한 번씩 찾는 공중목욕탕에서는 한 공간에서 열과 냉을 모두 맛볼 수 있다. 자연에서는 그토록 온도 차가 큰 물이 나란히 놓이는 일은 불가능하다. 따뜻함 속에 몸을 담갔다가 다음 순간 바로 차가움으로 이동하는 경험은 인간이 고안한 이 소우주 안에서만 가능하다. 두 상태의 차이는 몸이 바로바로 적응하지 못할 정도로 무척 크다.

온몸을 따스하게 감싸는 온기와 시원하게 식혀주는 냉기, 이
는 내 삶의 날개가 펼쳐지는 범위다. 어쩌면 인생이라는 것도 별
것 아닐지 모른다. 그저 이 열탕과 냉탕 사이를 무한 반복하다 어
느 순간 멈추는 하나의 과정일 뿐. 또는 뜨거운 햇살 아래 일광욕
을 하다 차가운 물속으로 첨벙 뛰어드는 사이클의 연속일 뿐인지
도 모른다. 올라가 햇볕에 몸을 쬘 수 있는 대지가 있어 좋고, 내
려와 시원하게 가를 수 있는 물이 있어 좋다. 그리고 무엇보다 그
모든 것을 느낄 수 있다는 것, 살아있다는 것이 좋다.

내가 하고 싶은 것은 아무것도 하지 않는 일

집에 돌아오면 그대로 풀썩 쓰러진다. 어딜 갔다 돌아오면 어찌나 피곤한지. 일하고 온 평일뿐만이 아니다. 잠시 놀러 다녀온 주말도 마찬가지다. 하고 싶은 것만 실컷 했는데도 이렇게 녹초가 되다니. 뭐가 됐건 외출 한 번 하는 것도 일이다, 일. 좋은 거 구경하고 맛있는 거 먹는 것까지는 좋은데, 하고 나면 재충전되는 느낌이 아니라 오히려 진이 빠진다. 그러니 월요일이 더 힘들다.

즐겁자고 하는 일조차 힘이 들 때 우리는 진짜 휴식을 갈구한다. 거슬리거나 신경 쓰는 것 없이 전신에 힘을 쫙 뺀 완전한 휴식을 취해본 지 얼마나 오래되었나? 잠도 좋지만 오래 자는 것이 능사는 아니다. 지나친 늦잠은 때로 사람을 더 피곤하게 만들기도 한다. 의식이 있는 상태에서 몸과 마음이 진정한 안식을 누리는 시간이 우리에겐 절실하다. 그래서 아예 마음을 먹고 궁극의 휴식을 위한 채비에 들어간다. 어디 보자. 제일 편한 옷으로 갈아입고, 재미있는 책 챙기고, 따뜻한 차랑 푹신한 방석 체크, 전화기랑 리모컨은 팔 닿는 곳에 적당히 놓고, 오케이. 딱 좋다! 그러면 모처럼 좀 쉬어볼까나?

얼마나 시간이 지났을까? 초인종 또는 전화로, 썩 반갑지 않은 연락이 안빈낙도를 방해한다. 덕분에 한없이 밝았던 나의 하늘 어딘가에 먹구름이 드리운다. 게다가 오늘따라 왜 이리 화장실이 자주 가고픈지. 다녀오고 나면 어째 자세가 이전만큼 편하지가 않다. 그래서인지 아까까지 잘 읽히던 책이 어째 잘 안 들어온다. 차라리 다른 걸 볼까? 눈 아파서 화면은 안 보고 싶은데. 어라? 벌써 점심시간이네? 밥해둔 것도 없는데 어떡하지? 오늘은 장 보고 무겁게 들고 오는 거 정말 하기 싫은데. 참 그러고 보니 빨래가 밀렸네. 청소도……

어느덧 휴식의 아늑함으로 미끄러져 들어가던 여유로운 마음은 사라지고 없다. 남은 건 평소와 같은 긴장과 걱정으로 점차 굳어진 안색뿐이다. 이제는 쉬려 해도 쉬어지지 않는다. 마음을 먼저 내려놓아야 몸도 따라서 할 수 있다. 이 상태로는 쉼도 하나의 일이 될 뿐이다. 결국 휴식에 실패한 뒤 남은 피로만이 찾아온다. 다시 수면으로, 혹은 수동적인 오락거리로 복귀한다. 그토록 바랐던 느긋한 재충전의 시간은 갖지 못한 채 소중한 하루가 지나간다.

사람에겐 아무것도 하지 않는 시간이 필요하다. 멍하니 먼 산을 바라보는 그런 시간. 바닥에 퍼져서 나뒹굴 수도 있고, 햇빛 아래 가만히 앉아있을 수도 있다. 뭔가를 특별히 응시하거나 적극적으로 감각을 동원하지 않으면서 그저 그렇게 있음에 집중하는 것이다. 이때 집중은 무언가에 초점을 맞춘다는 뜻이 아니라, 현재에 충실하다는 의미다. 내가 지금 처한 장소와 일시, 주변의 생명과 사물, 그리고 나의 내적, 외적 상태와 더불어 머무르며 아, 내가 여기에 이렇게 있구나. 이렇게 단순한 사실을 조용히 되뇌는 것이다.

충분히 오랫동안 그렇게 할 수 있다면 휴식은 성취된다. 오감은 모두 열어두었지만, 특별히 보고, 듣고, 느끼는 것 없이 그저 존재함을 음미하면서 나의 이런저런 부속 장치들이 회복되어간다. 아무것도 하지 않으면서 가장 중요한 걸 한다. 살아있음을 행하는 것이다.

요즘 세상에 이런 게 가능이나 하냐고? 맞는 말이다. 저런 완벽한 휴식은 호사다. 집이든 어디든 아무런 방해도 없이 완벽히 차분하게 있을 수 있다는 건 기적이다. 그러나 궁극의 휴식이 어려운 것은 소음이나 연락 같은 방해 요인 때문만은 아니다. 그보다 더 중요하고 근본적인 원인은 모든 공간이 반드시 특정한 쓰임을 위해 존재한다는 데 있다. 우리에게 어떠한 경험이나 행동도 요구하지 않는 공간은 드물다.

현대 사회에서 가장 압도적으로 요구되는 행동이나 경험은 단연 소비다. 그래서 세상은 뭔가를 사는 행동 외에는 아무것도 할 게 없는 공간으로 가득 차있다. 한번 상상해보라. 무엇도 구매할 능력 없이 이 도시를 거닐고 있다고 가정해보자. 발 들일 수 있는 곳은 전체의 1퍼센트도 되지 않을 것이다. 당연한 듯하지만 실은 당연하지 않다. 소비하는 행위 말고는 할 게 없는 공간에서는 말 그대로 다른 행동은 전혀 허락되지 않는다.

소비는 우선 거시적인 시선이 아닌 미시적 시선을 요구한다. 그래서 사람들은 어디에 가든 경관이나 건축물을 보는 대신 곧바로 진열된 물건에 시선을 빼앗긴다. 빼앗긴다는 표현이 옳다. 소비의 감각 패러다임이 다른 시선으로 세상을 보는 능력 자체를 앗아갔기 때문이다. 소위 말하는 '시선 강탈'이라는 말이 아무렇게나 쓰이는 비유가 아니다.

게다가 소비는 무언가를 비교하고 고르는 사고를 습관화한다.

우리는 뭔가를 단순하게 보는 방법을 상실하고 말았다. 살만한지 아닌지, 가성비는 높은지 낮은지를 떠나서 사물을 대하는 법을 이제 알지 못한다. 무언가 고르는 일은 사실 상당히 특수한 행위다. 자연에서라면 먹이를 찾아야 할 때만 가동되는 상태일 것이다. 그것도 이미 익숙한 범위 내에서 다분히 반복되는 선택을 하는 것일 뿐, 엄청난 양의 상품군을 훑어보는 것과는 차원이 다르다. 뭘 골라야 한다는 강박 없이 주변을 인지하며 사는 게 자연계의 일상일 것이다. 우리는 주변을 백화점이 아니라 있는 그대로의 세계로 보며 진화한 동물이다.

우리가 진정으로 필요로 하는 공간은 자유가 허락되는 곳이다. 감각과 인지와 행동과 경험의 자유. 특정한 상태에 몰입하지 않더라도 편하게 있을 수 있는 공간. 그 어느 것보다도 자연이 필요한 것이다. 광장과 공원과 걷고 싶은 길도 있어야겠지만 자연과 어우러져야 비로소 궁극의 자유가 깃들 수 있다. 자연이 정착할 자유가 주어진 곳이라면 분명히 그곳에서 인간도 자유로울 것이기 때문이다.

그곳에서 우리가 하고 싶은 것은 바로 아무것도 하지 않는 일이다. 또 무언가를 사서, 쓰고, 버리고, 에너지를 낭비하고, 쓰레기를 유발하는 그런 행위가 아니라 죽치고 앉아 몸을 좌우로 천천히 흔들면서 공기와 햇빛 속에 있는 일. 그것을 원하며 그것이 필요하다. 그렇게 할 때라야 그토록 절실했던 휴식이 가능할 것이다.

스마트폰을 보는 것도 소비와 본질적으로 다르지 않다. 콘텐츠를 고르고 골라 취해야 하기 때문이다. 그래서 혼자만의 휴식 시간을 보낼 때야말로 전화기는 멀리해야 한다. 또다시 고르고, 비교하고, 취하고, 버리는 상태로 돌아가면 결국 피곤해지기 때문이다. 모든 것으로부터 갑자기 벗어나기란 무척 어렵다. 쉼이 필요할 땐 그저 아무것도 하지 말자. 가장 간단하고 무해하게 행복에 이르는 길이다.

때와 장소와 재료를 가리지 않는 놀이 정신

요즘 아이들은 놀 줄이나 알까? 아니 노는 게 뭔지 제대로 알기나 할까? 후속 세대의 거의 모든 것을 못마땅히 여기는 게 기성 세대의 특징이지만, 나는 특히 놀이에 관해서 할 말이 많다. 어렸을 때 좀 놀아보지 않은 사람이 어디 있겠냐마는 이 분야를 중요하게 생각하는 이는 그리 많지 않다. 놀이가 왜 그리 대수냐고? 그냥 애들 노는 건데 뭘. 천만의 말씀이다. 어떻게 노느냐가 어떤 사람이 될지를 결정하다시피 한다.

인간은 다른 어떤 영장류보다 출생 이후 성장 기간이 길다. 어른이 되기까지 그만큼 긴 시간이 걸린다는 건 신체 발달은 물론 정신이 성숙하기까지 오랜 시간이 소요된다는 것을 의미한다. 제 앞

가림 못하고 집에서 놀고 있는 누군가를 생각하면 다들 단번에 이해가 될 것이다. 몸집만 컸지 철들려면 아직도 먼 우리네 인간 영장류. 복잡하고 정교한 사회성을 획득하는 게 워낙 어려운 작업이기 때문에 인간의 성장이 그토록 오래 걸린다는 게 정설이다.

놀이는 그 모든 것을 연습하게 해주는 행위다. 상상력을 발휘해서 이 사람 저 사람이 되어보고, 한 사건이 다음 사건을 낳는 연쇄 반응을 그려보고, 그 모든 것을 통해 자기만의 내적 세계를 키우는 일련의 과정이다. 놀이에 심취한 아이를 보라. 그 어느 회사원이나 직장인보다 진지하게 자기 일에 임하고 있다. 지치지도 않는다. 그냥 하는 대로 놔두면 종일 하고도 모자란다고 할 지경이다.

시뮬레이션을 통해 세상을 조금씩 접하고 미래에 항해할 경로를 탐색하는 의미로서의 놀이. 그것은 지능이 높고 발달 시간이 제법 걸리는 모든 동물 종에서 나타나는 공통적인 현상이다. 야생 상태에서 관찰할 수 있는 동물의 놀이는 더욱 인상적이다. 동물원 등에 억지로 사육된 동물은 할 일이 없어서 괜히 이것저것 뒤적거리는 것처럼 보인다. 하지만 야생에서 동물이 그들의 생존이 걸린 일과 사이사이에 굳이 놀이를 끼워 넣는 모습을 보면 과연 이것이 중요한 일이라는 생각이 든다.

움직임이 어딘가 어설픈 새끼 또는 청소년 동물들이 괜히 서로

쫓고 쫓기며 엎치락뒤치락 노는 걸 보고 있으면, 아직도 감정 또는 즐거움 등의 단어를 동물에게 쓰길 꺼리는 과학계가 황망하게 느껴질 따름이다. 그들이 놀이를 재미있어한다는 사실은 너무도 분명하다. 그리고 우리는 이를 잘 안다. 한때 퍽 재미있게 놀아본 자들로서 말이다.

그런데 주변을 둘러보면 뭔가 예전 같지않다. 아이들이 아예 놀지 않는 건 아니지만, 뭔가 분명히 달라졌다. 노는 모습도, 놀이가 벌어지는 사회적 맥락도, 그리고 놀이에 임하는 아이들의 자세도. 아이와 양육에 관해 무슨 의견이라도 낼라치면 순식간에 엄청난 반대와 비난을 받는 것이 오늘날의 현실이다. 뭘 모르는 소리다, 키워보기나 했느냐, 요즘이 어떤 세상인데, 아이들은 원래부터 그랬다, 등등. 이렇게 민감한 반응이야말로 이것이 중요한 사안임을 말해주는 증거다. 그리고 바로 그렇게 중요한 문제이기에 성역을 두어선 안 된다. 아이의 올바른 성장은 담론의 대상이지 아이의 부모만 알아서 하면 그만인 그런 일이 아니다. 원래 사회적 존재인 영장류는 아이를 함께 돌본다. 무리의 어른 모두가 신경 쓰고 관여하고 또 도우며 함께 키운다. 뉘 집 자식인지 몰라도 나도 할 말이 있는 것이다.

고전적인 아이의 놀이는 자유와 탐색에 기초했다. 동네를 휘

젓고 다니고, 논과 들판의 구석구석을 누볐다. '놀이터'처럼 정해진 장소에서만 하는 놀이의 설정은 놀이의 기본 정신에 어긋나는 것이다. 예전에는 나가 놀으라며 아이를 집 밖으로 거의 내보내다시피 했다. 대문 밖을 벗어나면 아이에겐 완전한 자유가 주어졌다. 세상을 마음껏 탐색할 자유. 그리고 아이가 뭘 하다 돌아왔는지 아무도 알지 못했다.

오늘날 아이들의 놀이는 철저하게 통제된다. 통제의 가장 큰 이유는 안전이다. 이 험한 세상에 어떻게 아이를 혼자 내보내느냐고 다들 입을 모은다. 하지만 안전이라는 이름 하에 집안에서조차 아이를 홀로 놔두는 법이 없을 정도다. 통제와 과잉보호는 점점 더 공고해지고 있다. 놀이는 이제 보호자의 시야 안에서만 허락되며, 모든 위험 요소가 완전히 제거되어야만 놀이의 터로서 인정된다. 그러다 보니 자연도 당연히 제거의 대상이다. 요즘 부모들은 자연이란 곳에 엄청난 위험이 도사리고 있고, 그곳에 발만 들여놓으면 위험이 덮칠 것처럼 여기는 듯하다. 그래서 자연 탐방 프로그램 같은 것에도 장비니, 보험이니 있는 대로 호들갑을 떨지 않고서는 아이를 보내려 하지 않는다.

결국 아이의 눈앞에는 스마트폰과 오락기가 놓인다. 아이들도 원하고 적어도 사고가 나지는 않으니까. 화면에 일찍이 노출된 아이는 마치 움직이는 물체에 반응하는 개구리처럼 그에 빠르게 적응한다. 온라인 게임 세계에서 작동하는 원리가 그들의 여리고 말랑말랑한 뇌를 관장하는 기본 논리로 자리 잡는다. 대신 자발적인 놀이 능력은 쇠퇴한다. 그럴 수밖에 없다. 누군가 짜놓은 알고리즘을 받아먹고 전자 인터페이스를 다루는 것에 익숙해지면, 발휘할 수 있는 상상력이나 바깥을 능동적으로 탐색하려는 모험심은 상대적으로 줄어들게 된다. 그리고 통제는 완전해진다. 시끄럽게 굴던 아이도 오락기만 손에 쥐면 마법처럼 조용해진다. 아이만이 아니다. 이는 이미 항공사들이 고객에게 실행하는 노하우다.

오해는 말라. 나는 그 누구보다 시끄러운 아이 때문에 스트레스를 받는다. 그들이 조용히만 한다면 손에 오락기든 뭐든 쥐여줄 것이다. 그러나 여러 사람이 함께 사용하는 공공장소에 있을 때에 한해서다. 여전히 아이의 놀이는 자유와 탐색의 기초 원리에 따라 이뤄져야 한다고 믿는다. 그래야 나중에 커서 놀이로 배운 감을 진짜 세상에 적용하며 살 수 있을 테니 말이다. 처음부터 통제 하의 인공 환경이나 가상현실에 훈련된 아이라면 자라서 야생 자연에 대한 감수성을 갖기 어려울 것이 분명하다.

야생의 자연은 놀이다운 놀이로 넘쳐난다. 웬 놀이? 먹고 살기 바쁘지 않나? 우리는 적자생존, 약육강식 등의 표현과 함께 자연을 투쟁 일변도로 묘사하길 좋아한다. 하지만 잘 살펴보면 다른 것도 많다. 가령 눈 속에 머리부터 콕 박힌 여우. 대체 뭘 하나 보았더니 아무것도 하고 있지 않았다. 눈에 머리를 박으려고 뛰어든 것 외에는. 하루하루 먹이를 구하기도 쉽지 않은 겨울철이지만 그럴 때도 발휘되는 것이 바로 놀이 정신이다. 눈은 발을 시리게 하고 사냥도 힘들게 하지만 분명 재밌는 재료다. 그래서 점프! 풀썩!

살아있다는 건 놀이 정신이 때와 장소와 재료를 가리지 않는다는 것이다. 사지를 마구 움직이며 전부 다 파악되지 않은 자연 속으로 몸을 던지는 만큼 재미있는 것도, 놀이다운 것도 없다. 여우를 보면 너무나 자명하다. 논다는 것도, 살아있다는 것도 말이다.

야생동물과 인간에 관한 미학적 시선

움직이는 만물, 다시 말해 동물動物. 우리를 가장 잘 표현하는 말이지만 거의 완전히 잊고 사는 말이기도 하다. 일분일초도 움직이지 않는 순간이 없기 때문일까. 그러면서 동시에 스스로 동물임을 부정하기도 한다. 혹은 누군가를 낮춰 부를 때 부정적으로 활용한다. 그럴 때를 위해 짐승이라는 단어가 별도로 마련되어있다. 같은 사람인데도 좋은 면이 부각될 때에는 '인간미'라 칭하고, 나쁜 속성이 드러날 때는 '동물적인 본능'이라고 표현한다. 대체 그 동물성이라는 것이 뭐길래?

동물로 산다는 게 어떤 건지 우리 모두 잘 안다. 한 명 한 명이 동물이니까. 그러면서도 잘 모른다. 동물성 자체에 천착해본 적이 없고, 생명계 전체에서 동물로 산다는 게 왜 특별한 것인지 큰 관심 없이 살아가니까. 가령 평생을 한곳에서만 살아가는 식물과 비교하면 동물의 삶은 얼마나 역동적인가? 식물들의 듬직한 무게감에 비해 한결 가볍게 느껴지는 건 사실이지만 그 대신 마음껏 돌아다니며 세상 구경도 하지 않는가. 구경, 그조차 동물적인 것이다. 눈이 없는 식물에 비추어 봤을 때.

동물이 바글바글 모여있을 때 그들은 평범해 보인다. 그러나 광활한 풍경 속에 홀로 있는 동물의 모습은 무척 낯설다. 한곳에 박혀 살짝 흔들리는 식물로 가득한 풍경을 상상해보라. 바람에 잎들이 서로 스치는 것 외엔 아무 소리도 나지 않는 정적인 풍광에 동적인 요소 하나가 나타난다. 차분한 침묵으로 내려앉은 수풀 사이를 터덜터덜 걷는 한 마리의 동물은 홀로 지극히 이질적이다. 그만이 유일하게 뿌리를 뽑고 흙으로부터 이탈한 몽롱한 독립체다. 늘 목마르고 배고픈 불완전한 독립 운영체제를 가진. 스스로 자양분을 만들지 못해 반드시 다른 존재로부터 그것을 얻어야 하는 고달픈 경로를 걷는다.

그에게 세상은 낯설고 위험하다. 어느 곳을 가도 안심할 수 없다. 저 나무 뒤에 무엇이 숨어 나를 기다리는지 모른다. 킁킁 냄새를 맡고 귀를 쫑긋 세운다. 주변에 나 말고 다른 누가 있는 건 아닌지 언제나 경계를 늦추지 않는다. 이 모든 것을 관장하는 의식은 피곤하다. 배경의 일부인 돌, 나무, 물처럼 되지 못하고 불철주야 무대 앞으로 나와 서성이느라 신경이 날카롭게 곤두서 있다. 그리고 태생적으로 외롭다. 긴 시간 방황하다 보면 같은 처지의 누군가를 만나기도 한다. 하지만 만남도 잠시. 짧은 짝짓기를 마치고 각자 다시금 제 갈 길을 나선다. 외롭게 살도록 타고난 생물인데도 여전히 외롭다. 채워지지 않는 공허함을 달래고픈 헛된 꿈 때문에 역마살의 저주에 걸린 것인지도 모른다.

떠돌이 나그네 같은 동물의 신세에는 슬픔이 어려있다. 세상으로부터 덩그러니 떨어져 나온 개체로서 정착이 아닌 이동으로 삶을 구가해야 하는 운명의 비장함이 감돈다. 야생동물은 저마다의 고유한 미학을 지닌다. 이는 우리도 동물이기에 분명 이해하기 쉬운 종류의 미학일 것이다. 우리는 하나의 동물로서 동료 동물의 존재 양태를 더욱 효과적으로 인지하고 의미도 부여한다. 모든 동물이 우리처럼 다른 동물을 미학적으로 경험하는지는 알 수 없다. 만약 한다 해도 그들은 마음속에 콕 담아둘 것이다. 언어를 가진 유일한 동물로서 우리는 생각한 바를 마음 밖으로 발화하고 표현하고 나눈다. 어쩌면 그것만이 인간의 수많은 능력 중 유일하게 자연에 보탬이 되는 건지도 모른다.

동물에 대한 미학적 시선을 갖는 것은 그들의 멋과 가치를 알아보고 이해하는 무척 좋은 길이다. 우리는 동물을 바라볼 때 지나치게 정보에 의존하는 버릇이 있다. 그래서 동물원이나 박물관에 붙은 안내 푯말의 그 짧은 지면에는 동물의 임신 기간이나 지리적 분포 등 지루하고 단편적인 내용만이 적혀있다. 그러나 아무리 읽고 또 읽어도 눈앞의 동물을 조금이라도 다르게 보게끔 도와주지 않는다.

사실 동물과 연관된 우리의 경험은 그 자체로 다분히 미학적이다. 어쩌다가 산책길에서 마주치기라도 하면 그 사건의 인상과 심상은 마치 전설처럼 뇌리에 박힌다. 그리고 그때 이후로 그 길에만 가면 야생의 정령이 도처에 살아 숨 쉬는 것만 같다. 동물은 우리의 상징이자 신화며, 상상력이다.

동물과 더불어 말할 수 있는 키워드는 야생이다. 자유로운,

사람 손을 타지 않는, 길들지 않는, 제멋대로인, 사나운, 자연 상태 그대로인. 뭐라고 뜻풀이를 해도 의미는 전달된다. 야생동물은 아무리 인간이 지배하려 해도 가축화를 거부하고 타고난 대로 살겠다고 버틴다. 동물다움을 가장 잘 보여주고, 동물 본연의 미학을 가장 훌륭하게 체화한 존재가 바로 그들이다. 그래서 그들을 목도하고 있노라면 그렇게 빨려 드는 것이다. 우리가 야생동물을 미학적으로 경험하는 이유를 환경 윤리학자이자 철학자인 홈스 롤스톤 3세는 다음과 같이 설명한다.

첫째, 야생동물은 야생적 자율성을 나타낸다. 그들은 움직여지지 않는다. 원해서, 스스로 움직인다. 바람과 물이 움직임을 관장하는 체제를 혈혈단신으로 벗어나 자발적으로 조직하고 집행한다. 거대한 힘에 떠밀려 작동하지 않는, 야생적 주체인 것이다.

둘째, 야생동물은 불확실성과 가능성을 몸소 보여준다. 특별한 경우가 아니라면 저 산과 들, 그리고 나무 들은 언제나 제자리에 있다. 그곳에 가기도 전에 그들이 거기 있음을 믿고 출발해도 좋다. 그러나 동물은 언제 어디서 만날지 모른다. 확신이 불가능하다. 언제나 조우의 확률만이 있을 뿐, 우연의 개입이 반드시 필요하다. 야생동물은 발견과 모험의 장을 연다.

셋째, 야생동물은 현재에 집중하도록 요구한다. 잘 보고 있다가도 한눈판 순간 그만 놓치고 만다. 고개를 들었을 때 동물은 이미 사라지고 없다. 지금 이 순간에 집중하지 않으면 얻을 수 없는 경험이다. 이상하리만치 가장 예상할 수 없을 때 나타나는 것도 녀석들의 특성이다.

넷째, 야생동물은 나와 동등한 또 하나의 관점이다. 자연을 거니는 나는 나의 시점만을 경험한다. 모든 대상이 나의 피사체다. 그러나 동물이 등장하는 순간, 나와 동등한 관점 하나가 추가된다. 똑같이 보고 느끼는 주관성이 나를 응시한다.

다섯째, 야생동물은 시도를 상징한다. 강산은 아무것도 시도하지 않기에 성공도 실패도 낳지 않는다. 그러나 동물은 무언가를 끊임없이 시도한다. 자유에 기초하여 먹이와 번식과 생존을 향해 가능성의 바다에 자신을 스스로 던진다.

우리가 그들과 만나 하는 것이라고는 조용히 서로 노려보는 것뿐이다. 하지만 한 생명체가 다른 생명체를 이해하려고 하는 이 '사이의 가치'가 미학적 풍부함과 창조력을 낳는다. 동물로 산다는 것, 그거 정말 남다른 맛이 있다. 동물로 살아봐서 하는 말이다.

5장

오래 바라보고
함께 존재하기

학창 시절 내 책가방에는 언제나 연습장이 들어있었다. 물론 연습장은 누구나 갖고 다니던 물건이지만 내것의 용도는 전혀 달랐다. 자습을 하거나 시험에 나올 내용을 외울 때 쓰는 연습장은 따로 있었다. 그건 대충 서랍에 처박아 두고 굳이 들고 다니지도 않았다. 고이고이 챙겨 한 장씩 알뜰하게 쓰던 연습장은 다름 아닌 나의 그림책이었다. 그림을 그리는 일종의 스케치북이었던 셈이다. 교과서를 빠뜨리고 등교하는 때는 있어도 이 공책만은 잊는 법이 없었다. 학교생활을 가능케 해주는 나의 든든한 동반자였으니까.

　그림을 그리기엔 스케치북이 더 좋았지만, 크기가 너무 커서 수업 시간에 대놓고 책상에 펼쳐놓을 순 없었다. 그래서 누가 봐도 학업에 필요한 준비물로 보일 법한 연습장으로 대체하게 된 것이다. 한창 그리고 있다가도 선생님이 가까이 오면 바로 덮을 수 있어 전혀 의심을 사지 않았다. 소설이나 만화책을 보다가도 황급히 덮을 순 있지만, 들추면 금방 걸린다. 그러나 선생님들도 연습장을 굳이 열어보는 수고는 하려 하지 않았다. 연습장 중간에는 수학 공식과 영어 단어를 좀 끼적여놓아 유사시에 활용하면 안성맞춤이었다. 게다가 그림을 그리는 자세는 열심히 공부하는 것과 똑 닮아 오히려 나를 모범적인 학생으로 보이게 했으니, 나는 마음 놓고 그림에 몰두할 수 있었다.

덕분에 시간이 잘 갔다. 어찌나 잘 갔는지 어떤 날은 시간이 부족할 정도였다. 지루하기 짝이 없는 학교 수업 시간을 두고 이런 말을 하다니 아마 믿기 어려운 이도 있으리라. 하지만 원하는 걸 하면서 보내는 시간은 그렇게 다르다. 내게 그림 연습장이 없었다면 대체 그 기간을 어떻게 견뎠을까 상상도 할 수 없다. 물론 입시 부담이 가중되던 고등학교 2~3학년에는 이 호사도 잘 누리지 못했다. 어른이 되어가던 시기라고나 할까? 덕분에 연습장에 그림을 그리는 일도 점점 뜸해졌다. 언제부턴가 수학 공식과 영어 단어로만 채워진 전형적인 연습장이 그림책을 대신하고 있었다. 이 시기를 나는 언제나 아련하고 슬픈 마음으로 돌아보곤 한다.

그림으로 보는 세상은 달랐다. 복잡하고 지저분한 것들은 단순화되었다. 길거리의 쓰레기도 그리고 나면 오히려 재미있는 오브제로 탈바꿈하고, 전봇대에 엉망으로 엉킨 전선들도 도시를 표현하는 데 있어 흥미로운 선형적 요소를 가미해주었다. 가장 두드러진 변화는 사람의 얼굴을 묘사할 때 나타났다. 연필이나 펜으로 인물을 묘사하고 나면 웬만한 사람도 다 괜찮아 보였다. 가령 전교에서 둘도 없는 악한으로 알려진 한 선생님도 제법 디테일을 고려하며 그림으로 그려보면 꽤 선한 사람의 얼굴이었다. 이는 거의 모든 사람에게 해당되었다. 그림으로 재탄생한 사람들은 실물보다 착하고, 예쁘고, 단정하고, 귀엽고, 준수하고, 한 마디로 더 나은 사람으로 거듭나는 것이었다.

아무래도 원인은 눈에 있다고, 나는 오랜 숙고 끝에 결론을 내렸다. 나는 점이나 작은 원 또는 타원으로 눈을 그렸는데 이것이 실제 눈의 심오함을, 특히 눈빛을 반영하지 못했다. 마음의 창인 눈을 간단하게 처리하자 개성이 줄면서 좀 더 온순하고 다정해 보였던 것이다.

그림의 이런 효과는 나의 마음을 안정시켜주었다. 사람과 사물을 긍정적으로 바라보게 하는 힘을 주었다. 나이에 비해 세상과 사람들에 대해 불만이 많던 내가 자체적으로 개발하고 보유했던 이 기술은 큰 자산이 되어 주었다. 심란할 때, 지루할 때 그저 그리면 되는 것이었다. 교실에서 매일 마주하는 칠판과 의자, 책과 화분. 특별히 봐줄 것도 없는 물건들이지만 막상 그려보면 다르다. 생각보다 많은 요소로 이루어져있고, 각 성분 간의 비례관계도 재미있다. 재질도 천차만별이다. 그리는 대상에 따라 다양한 기분을 맛보기도 했다. 기쁜 모습을 그릴 땐 내 입꼬리도 어느새 따라 올라가 있었고, 슬픈 표정을 묘사할 땐 아랫입술이 삐쭉 튀어나왔다.

누군가에게 보여주기 위해 그리는 그림이 아니었다. 유난히 내 작품을 높이 평가해주는 반 친구들이 간혹 있었지만 소수였고, 나도 나서서 그들을 찾지 않았다. 나 혼자 그리고 나 혼자 감상하는 것으로 충분했다. 비평가나 후원자를 찾지 않았던 가장 큰 이유는 필요성을 전혀 느끼지 않아서였는데, 그것은 아마 그림의 효과를 스스로 만끽하고 있어서 그랬던 것 같다. 만약 타인의 감흥을 불러일으키고자 하는 욕망이 전시회 등의 근간을 이루는 것이라면, 내 작품은 이미 관객을 충분히 확보하고 있었다. 바로 나 자신이었다.

나는 그림을 그리고 봄으로써 세상과 다시 만났다. 그림 밖에서보다 더 다정하고 관심 어린 눈으로 바라보고 더 온화하고 단순하게 경험했다. 세상과 만나는 것이 즐겁고 심지어는 기다려졌다. 오늘은 양복 차림의 아저씨를 그려보자. 이렇게 마음먹으면서 실제로는 교제하기 불가능한 사람들과 비언어적인 대화를 나누었다. 평퍼짐한 바지, 고집스러운 입술, 한쪽으로 치우친 가르마, 모두 내 손으로 그리고 눈에 담아두었다. 돌도, 찻잔도, 구름도, 아기도, 아가씨도, 산신령도, 기차도, 건물도. 그림은 내 주변과 그 너머의 세계로 나아가는 통로였다.

유난히 그리기 어려운 것이 하나 있었다. 그건 나무였다. 완벽하게 아름다운 저 나무. 내 손을 거치기만 하면 조악하고 꼴사나워졌다. 어딘가 균형이 맞지 않고 풍성하게 그리려 해도 이내 앙상해졌다. 왜 그럴까? 나는 오랫동안 이 문제를 가지고 씨름하였다. 손도 그리기 어려웠지만 그거야 자세에 따른 손의 모양이 워낙 다양하여 그런 것이었다. 하지만 나무는? 그냥 거기에 있을 뿐인데. 보고 그리면 그나마 좀 나았지만, 상상으로 그리는 나무는 모조리 형편없었다.

기억이 정확하진 않지만, 어느 순간 깨달음이 찾아왔다. 저 사방으로 뻗친 가지들, 제각기 조금씩 다른 각도와 위치로 달린 잎, 뒤틀리며 자란 나무 기둥은 모두 아주 오랫동안 자연적으로 만들어진 것들이었다. 장시간에 걸쳐 일어나는 자연 현상, 이것을 나의 인공적인 필치가 단시간에 정확하게 표현할 수는 없는 일이었다. 나 또한 장시간에 걸쳐 바라보는 눈과 그리는 손을 연마해야만 했다. 시간과 생명을 다루고 싶다면 말이다.

눈을 뜨고 주위를 둘러보면 적어도 한 가지 사실이 무조건 눈에 띌 것이다. 이렇게 나 말고도 온갖 것들이 있음을 알게 될 것이다. 어디든 언제든 '아무것도 없다'고 말할 수 있는 곳은 아무데도 없다.

많은 것들 중 특히 생명에 먼저 눈이 간다. 긴 세월 동안 너무도 다양한 형상으로 생겨난 모습들에 나도 모르게 이끌린다. 제대로 그리고 싶지만 마음처럼 되지 않는다. 더 긴 호흡으로 오래 지켜보기로 한다. 이것은 평생을 두고 해야 하는 과업이다. 그것이 따로 또 함께 존재하는 것들을 향한 나만의 즐거움이니까.

일상적인 만남도 뛸 듯이 반갑게

아침부터 저녁까지 하는 일이라곤 서로를 찾는 것뿐이다. 정말 혼자 있는 게 좋다면 그렇게 열심히 문자를 쓰고 보내는 데 시간을 할애할까. 손에서 통신기기를 놓지 않는 건 물론, 식사도 꼭 같이해야 하고, 누구랑 언제 어디를 갈지 매번 정하고 또 정한다. 거의 일거수일투족을 보고하는 가족, 연인, 친구에서부터 각종 크고 작은 모임까지 그 많은 사람을 섭렵하면서 지치지도 않는다. 함께한다는 게 중요하니까. 그래야 사는 것 같으니까.

그래서 삶은 온갖 만남으로 가득 차있다. 길거리를 바쁘게 움직이는 이들의 십중팔구는 또 다른 곳에서 합의된 지점을 향해 이동하는 누군가와의 약속을 지키러 가는 중이다. 레이더로 보았다면 깜빡이는 두 점이 점점 수렴하는 양상이 잡힐 것이다. 도시는 이런 궤적 수십만 개가 매일 같이 중첩되는 곳이다. 최소 두 사람 이상이 자발적인 의지로 만남을 약속한 미래의 어느 시공간이 자석처럼 이들을 끌어당기는 현상을 하늘에서 본다면 실로 장관이리라. 만남을 이루기 위해 각지에서 모이는 거대한 소용돌이들.

군중 속에서 나를 알아보는 얼굴이 있다. 무표정이었다가 환하게 밝아진다. 찾던 사람을 찾아낸 반가움이 안면에 한껏 퍼진다. 저렇게 한순간 얼굴이 달라질 수 있구나. 그전까지 앞을 지나쳐 간 적어도 수백 명의 인파는 말 그대로 단순 인파다. 인파 속 한 사람, 한 사람은 고유하지만 어떤 이의 눈에는 그저 한 무리로 보일 따름이다. 그 눈은 사람들 중에서 한 사람을 찾고 있기 때문이다. 특별한 누군가를.

눈과 두뇌는 스캐닝으로 분주하다. 머릿속에 간직해둔 상을 바탕으로 비교와 대조 작업이 전광석화처럼 처리된다. 실제로 눈동자도 좌우로 활발히 진동한다. 저기 저 사람인가? 때로는 좀 멀리 있는 상도 식별을 시도해본다. 아무래도 작게 보이기에 판단하기까지 걸리는 시간도 길어진다. 그러다 나타난다. 상과 일치하는 사람이. 포착되는 얼굴이 무수한 기억세포들을 일제히 활성화시킨다. 왔구나! 비로소 목표인人을 찾았을 땐 미소가 번진다. 기다림과 검색으로부터 해방된 안도감일지도 모른다.

만남이 이루어지는 순간, 그러니까 서로를 알아보며 거리를 좁히는 그 찰나는 실은 여러 단계를 압축한다. 우선 상대적으로 늦은 쪽이 먼저 도착한 쪽의 상태를 파악한다. 혹시 오래 기다린 품새인가? 조금 더 가까워지면서 옷맵시를 인지한다. 여전한지 달라졌는지. 한 걸음 더 걸으면서 건강을 살핀다. 핼쑥해졌나 통통해졌나. 5미터, 머릿속으로 여는 말을 열심히 고른다. 4미터, 괜히 어깨도 털고 옷매무새도 고친다. 3미터, 입가의 근육을 스트레칭한다. 2미터, 야, 이게 얼마 만이냐! 그렇게 만남은 이루어진다.

그러나 이 정보들을 얻기까지 상대방을 뚫어지게 쳐다보는 이는 절대로 없다. 오히려 다가오는 동안 시선은 엉뚱한 곳에 던진다. 도로에, 가로등에, 발치에. 이상하게도 계속 바라볼 수 없다. 안 보는 척하며 다다른다. 너무 목적 지향적으로 접근하는 느낌을 주지 않으려는 시선 처리다. 지나치게 응시하면 위협의 신호가 되기도 하는 동물적 본능 때문도 있겠지만, 아주 가깝고 친한 사이에서도 이 현상은 마찬가지다. 앞을 보면서도 양옆으로 살짝살짝 눈길을 옮기며 부담스럽지 않게 거리를 좁히는 게 순리다.

미리 계획해 어렵사리 이루어진 만남. 그런데 정작 그 조우의 순간은 생각보다 밋밋하다. 무덤덤하다. 심지어는 시시하다. 왜 그럴까? 마치 어제 본 듯한 표정, 미적지근한 안부 인사, 얄팍하게 흔든 손. 분명히 서로를 좇아 지금 여기에 당도한 것임에도 마치 이 만남은 다른 볼일에 겸사로 끼워놓은 듯 대단치 않은 분위기를 풍기며 일행은 식당으로 향한다. 감정 표현을 삼가는 동양적 전통도 있겠지만 다른 부분은 부쩍 현대화된 이들도 이것만은 그대로 이어받은 듯 서로를 싱겁게 맞이한다.

그러나 정말 절실한 만남은 다르다. 사고가 일어나 생사조차 알 수 없던 소중한 사람과 만나는 순간을 상상해보라. 멀리서 알아보는 순간부터 몸은 뛰기 시작한다. 들고 있던 물건마저 다 내려놓고 행여나 눈앞에서 사라질까 사력을 다해 달린다. 그리고 얼싸안을 때도 이게 생시인지 실감이 가지 않는다. 아주 기쁜 일이 생긴 경우에도 만남은 비슷한 양상을 띤다. 환호와 함께 팔을 있는 대로 뻗쳐 순식간에 거리를 좁힌다. 감정이 충만하면 만남은 와락 일어난다. 나에게 특별한 개체가 일으키는 흥분과 환희는 마음만이 아니라 몸도 요동치게 만든다.

평소의 만남에 이 정도 감정의 파도가 일지 않는 것은 어쩌면 당연한 일인지도 모른다. 파도가 거셀 때도 있지만 수면이 잔잔할 때도 있는 법이니까. 하지만 우리는 아무렇지 않은 게 아니다. 워낙 다들 심드렁하니 억지로 익숙해진 것뿐이다. 그리 대단치 않은 듯 서로를 맞이하는 걸 습관화했지만, 그러면서도 나를 무한히 반가워하는 얼굴을 보고 싶은 마음도 강하다. 그냥 매일, 무조건적으로 반기는 바로 그것. 괜히 딴청 피우는 행동 따위 없이 줄곧 나를 보며 곧장 나를 향하는 생명. 그게 여전히 그립다.

그래서 아까 아침에 본 후 고작 몇 시간 지나서 돌아온 나를 보며 꼬리가 끊어지도록 흔들어댈 강아지를 생각하며 나는 서둘러 집을 향한다. 나보다 그는 무척 작다. 집보다는 말할 것도 없다. 하지만 그 덕분에 집은 물론 세상이 꽉 채워진다. 문이 열림과 동시에 이름을 불렀을 때 어디선가 쫑긋하는 기척, 그것 하나를 위해서 나는 지옥 같은 퇴근길 속에서도 마음에 따스함을 품고 여기까지 올 수 있었다. 나라는 것을, 그래 다른 사람도 아닌 나라는 걸 알고 다다다다 직선으로 질주하는 그 궤적 한가운데 위치하는 것이 내 하루의 보람이다. 나와 같은 모양의 사지를 갖고 있지 않아 원하는 만큼 덥석 안기지 않는 흠이 있지만 그런 건 아무래도 좋다. 반가운 에너지와 생명력 그 자체가 내 품 안으로 뛰어 들어오는데 무엇을 더 바라랴.

이토록 일상적인 만남인데, 매일 반복되는 사건인데 어찌 저 마음은 저리도 생생할까. 아무리 이 손에서 밥이 나가고, 이 몸이 와야 외출을 한다지만, 그것을 다 차치하더라도 그 반가움의 강렬한 순수함이, 몸을 부르르 떨게 만드는 전류 같은 만남의 희열이 전부 설명되지 않는다. 그들에겐 '보장된 내일'이라는 개념이 없기에 매일을 마지막 날처럼 살 수 있는 것일까? 나가는 순간 그 길로 다시 돌아오지 않을 가능성이 언제나 열려있기 때문일까? 사실이다. 하루하루가 마지막이고, 모든 길은 다시 돌아오지 않을 길이다. 그것은 그들에게나 우리에게나 마찬가지다. 단지 얼마나 삶에 집중하느냐의 차이다. 챙기고 신경 써야 할 게 너무 많은 우리에겐 좀 버거운 얘기인지도 모른다. 하지만 어차피 삶은 갑자기 왔다가 갑자기 간다. 그래서 일상적인 만남도 실은 뛸 듯이 반가울 만한 것이다. 그 반가운 마음은 우리가 살아있다는 생생한 증거다.

생명에게 그냥 마음을 열 수 있다면

아무 말도 하지 않고 하루를 보낸 적이 있는가? 집에만 있지 않고 나가서 필요한 볼 일을 다 보면서도 입 한 번 열지 않을 수 있다. 마치 외국에 간 것처럼. 침묵 속에서 물건을 사고 나와도 아무 문제 없고, 버스와 지하철에 오르고 내리는데 무슨 말이 필요하랴. 목에 거미줄 쳐질 것 같은 날을 보내며 가만히 돌아본다. 말없이 무엇이든 다 할 수 있는 걸 보면 이 세상이 제법 잘 굴러간다는 생각이 든다. 누가 뭘 하든 잘 작동하는 세상.

그렇지만 여기에는 조건이 있다. 단순 소비 행위처럼 아주 일상적인 행동을 벗어나지 않을 때에만 작동이 원활하다. 뭔가를 파는 시설만 즐비한 사회인지라 돈을 쓰는 행위에 한해서는 모든 게 갖춰져있고 모든 문이 열린다. 하지만 조금만 다른 걸 해보려고 하면 상황은 180도 달라진다. 가령 일회용품을 피하기 위해 미리 준비한 통이나 비닐을 사용하려고 하면 업소에 따라 그 이유를 구구절절 설명해야 하고 그러고 나서도 실패할 가능성이 적지 않다. 그것이 상점 주인에게 이득이 되는데도 말이다. 어디서 촬영 한번 하려면 협조를 구하기가 무척 까다롭고, 홍보용 포스터를 좀 붙이려고 하면 도대체 그럴 만한 곳이 없다.

한 걸음 더 나아가 길거리 캠페인 같은 다소 비일상적인 일이라도 할라치면 우리 사회가 얼마나 닫혀있는지 뼈저리게 느낀다. 피켓 하나만 들고 있어도 경비원이 나와서 꼬치꼬치 캐묻고, 평소에 아무도 거들떠보지도 않던 짐도 치우라고 보챈다. 몇 명만 모여서 구호 한 번만 외쳐도 상점에서 튀어나와 나가라고 난리고, 누구든 아무 데서나 찍던 동영상도 갑작스레 제지당한다. 정치색이라곤 전혀 없는, 생활 습관 개선에 관한 평화적인 환경 캠페인도 다 광화문에서나 하라는 식이다. 특히 가장 박해받는 건 사람들에게 말을 거는 행위다. 귀찮은데 좀 꺼져달라는 것이다. 원래 작동하던 대로 그냥 계속 굴러가도록 말이다.

이 세상, 말 걸기가 참 어려운 곳이다. 원래도 타인에게 쉽게 말 붙이는 문화가 아닌 데다가 모두 너무나 바쁘고 화면에 얼굴을 파묻고 다니느라 주변에는 눈길도 주지 않는다. 사회와 길거리는 말을 건네는 것에 냉담하고 호전적이다. 아마 말 자체를 싫어하는 건 아닐 것이다. 마음을 향한 시도에 거부감이 깊이 깔린 것인지도 모른다. 요즘 사람들은 말이 불필요한 거래 관계를 편안히 여기고, 그들을 소비자가 아닌 사람으로 대하면 부담스러워한다. 세상이 험해진 까닭도 있지만 사람들 마음의 문이 너무 굳게 닫혔기 때문이기도 하다. 그렇게 걸어 잠가야지만 안전한 것처럼 믿기 때문이다. 그렇지만 세상 일이 다 그렇듯 무작정 닫는 게 능사는 아니다.

이대로 굴러가기만 하면 되는 세상이라면 얘기가 다르다. 하지만 실상은 정반대다. 현행 작동 방식에 너무 문제가 많아 대수술이 요구되고 이를 위해 많은 사람의 협조가 필요하다. 적극적으로 나서는 것까지는 아니더라도 최소한의 동참과 응원이 절실하다. 그런데 마음의 문을 열기가 너무나 어렵다. 그 문을 두드리는 것조차 거의 허용되지 않는다. 마음을 여는 데 관심이 있다는 의도만 비쳐도 문전박대당하기 십상이다. 차라리 지갑에 관심 두는 게 낫단다. 차갑게 굳어져만 가는 가슴의 소유자들에게 한 번이라도 눈에 띄려고 기업과 대중매체는 사활을 건 경쟁을 펼친다. 그럴수록 마음은 점점 더 쉬이 열리지 않는다. 그럴수록 정작 중요한 이야기는 차례도 얻지 못한다. 중요한 이야기가 뭐냐고? 당연하지 않은가. 살아있다는 것에 관한 이야기, 생명에 관한 이야기다.

제아무리 닳고 닳은 사람이라도 어딘가 부드러운 구석이 숨어 있게 마련이다. 그곳을 파고들 수만 있다면 가장 딱딱한 벽이라도 순식간에 금이 갈 것이다. 금이 갈 수 있다는 것, 그것은 희망을 의미한다. 굳어진 껍질을 뚫고 근본이 표출될 가능성이다. 철든답시고 일과 돈과 명예를 스스로 교육했지만 그래봤자 생명의 본질에 들이댈 수 없는 것들이다. 생명의 가장 기본적인 속성은 반응한다는 것이다. 콕 찌르면 움찔. 건드려도 무반응일 때 죽은 것으로 여긴다. 반응은 생명의 증명이자 근거다.

사람들을 반응하게 만드는 것은 생명이다. 이것 만은 예나 지금이나 변함이 없다. 배경과 문화와 취향은 다를 수 있지만, 살아있는 것에 눈이 가고 마음이 움직이는 것은 한결같다. 그래서 광고계는 예전부터 3B 법칙을 강조하지 않았는가? 미인Beauty, 아기 Baby, 동물Beast 모두 생명의 세분된 범주일 뿐이다. 이들만 나타나면 하던 일을 멈추고 바라보는 우리의 본성에 착안한 광고 전략의 기본 원리는 단순하다. 생명은 다른 생명에게 반응한다는 것이다.

그런데 생명이기 때문에 보이는 이 자연스러운 반응은 그동안 매우 편협하게 활용되거나 다분히 잘못 해석되어왔다. 사람을 유인하는 용도로, 자극하기 위한 도구로만 쓰여왔다. 살아있는 동물을 전시하고, 만지고, 잡고, 먹는 일차적이고 즉물적인 행위에 착안한 프로그램과 상품을 판매하는 무수히 많은 비즈니스가 바로 그 사례. 생명인 우리가 다른 생명에게 반응할 수밖에 없다는 사실을 무자비하게 이용함으로써 해당 동식물을 무한히 괴롭힌 것은 물론, 우리의 가장 표피적인 반응 기전만 자극하며 본질을 소외시키고 있다. 그것은 마치 가장 날것의 성욕에만 집중하며 사랑의 마음이나 능력은 존재하지 않는 것으로 치부하는 것과 마찬가지다.

　강가에서 만난 물고기의 신비로움이 마음을 사로잡았다고 해도, 반드시 그것을 낚시의 형태로 표출할 필요는 없다. 낚시는 물속의 생명에게 반응하는 겨우 한 가지 방식, 그것도 대상 생물에게 고통을 주는 가장 유해한 방식이다. 똑같은 마음으로 물고기를 보고 그림을 그릴 수도 있고, 물고기에 관한 책을 읽을 수도 있고, 그저 관찰할 수도 있다. 물고기를 낚아 올리는 행위가 인간 본성에 가까운 것도 결코 아니다. 그 어떤 낚시 도구도 존재하지 않을 때부터 우리는 물고기를 관찰하고 공부해왔다. 그리고 언제나 신기하게 생각해왔다. 물고기라는 생명에 반응하는 우리의 능력은 생각보다 깊고 풍부하다.

무겁기만 하던 마음이 살랑대는 꽃나무와 새소리에 마법처럼 풀리고, 나를 향해 달려오는 우리 강아지의 힘찬 뜀박질에 고단한 하루의 피로가 씻겨 내려가는 경험, 그게 어떤 기분인지 우리는 잘 안다. 오리 식구가 뒤뚱뒤뚱 위험천만한 차도를 건널 때 이들이 무사하기를 바라며 마음이 조마조마하지 않는 이는 없을 것이다. 고래를 실제로 마주했을 때 감동하지 않고, 바다거북의 콧구멍에서 빨대를 빼는 걸 보았을 때 보람을 느끼지 않는 사람도 없다. 생명으로서 생명에게 감응하지 않는 것은 불가능하다.

그것이 우리다. 생명이 또 다른 생명에게 열리는 숱한 장면들이 우리 곁에 있다. 지구상에서 가장 평범하고, 자연스럽고, 아름다운 장면이다. 살아있다는 건 생명에게 그냥 마음이 열린다는 것이다. 그 단순한 사실이 참으로 좋다.

별 볼 일 없는 사이라도 마주치면 응시하기

숲속을 걸을 때의 기분은 한가롭다. 도시의 시끌벅적한 부산함에서 벗어나 바람과 새소리만 들리는 평화로 발을 들여놓으면 마음이 한결 가벼워진다. 당분간 근심 걱정은 접어둬도 좋다. 조용한 사색과 가벼운 운동 덕에 심신이 회복되는 보람된 시간이다. 이렇게 숲이 좋다는 걸 어느새 또 잊고 있었구나. 자신과 과거를 경건하고 진지하게 되돌아본다. 산책이 끝날 무렵 눈동자는 더 맑아졌고 호흡은 더 차분해졌다. 조금 새사람이 되어 돌아온다.

이건 금방 되돌아올 수 있는 숲을 거닐 때의 이야기다. 같은 상황에서 숲의 면적을 대폭 확장해보자. 지금보다 최소 20배 정도 더 넓은 숲에 있다고 상상해보라. 갑자기 얘기는 달라진다. 이제

숲은 가벼운 산책으로 섭렵할 수 있는 공간이 아니다. 모험심 반, 두려움 반의 가슴을 안고 탐험해야 하며, 자칫 잘못 하다간 길을 잃을 수도 있다. 점점 더 깊은 산속으로 빨려 들어가고 있는 건 아닌지, 어두워지기 전에 안전하게 나올 수 있을지 걱정스럽다. 시간이 갈수록 마음이 조마조마하다. 커진 숲속을 걸을 때 기분은 비장해진다.

작은 숲을 거닐 때와 너무 깊은 숲에 들어갔을 때 마음이 이렇게 달라지는 근본적인 이유는 인간에게 숲이 언제나 통과의 공간이었기 때문이다. 우리에게 숲은 머무는 곳이 아니라 지나치는 곳이다. 살짝 한 바퀴 돌아 보금자리로 돌아올 수 있을 때의 숲은 친근하고 온화하지만, 조금만 깊어져도 정신을 바짝 차려야 하는 곳이 된다.

숲이 통과하는 공간인 이유는 우리가 그곳에 살지 않기 때문이다. 별도의 장소에 주거지가 있어 숲이 그저 통과하는 공간이 되는 것은 다른 동물들과는 정반대의 설정이다. 즉, 숲을 통과하는 곳으로 여기며 걷는 존재는 우리가 유일하다. 다른 모든 생물은 통과의 개념을 모른다.

동물은 계절에 따라 멀리 이동해야 하거나 짝을 찾아 먼 길을 떠나기도 하지만, 숲이 광활하게 펼쳐져있는 이상 그곳이 모두 잠재적인 서식지가 된다. 여기는 사는 곳이고 저기는 길이 되는 게 아니다. 그런 의미에서 원래 자연에 '길'이란 없다. 코끼리가 지나간 곳이 잠시 길처럼 되는 것이지 이미 난 길을 코끼리가 걷는 것은 아니다. 모든 곳이 누군가의 집이자 서식지고, 이동하는 동물은 무한히 많은 서식지를 연달아 지나갈 뿐이다. 머무를 곳을 위해, 그리고 그곳에 다다르기 위해 별도의 공간을 만드는 인간의 행동은 자연의 관점에서는 참으로 이해하기 어려운 일이다. 그래서 인간이 만든 길 위에서는 많은 문제가 양산된다. 자연에는 통과만을 위한 공간은 없기에 자연에 사는 이들은 인간이 만든 길 위에서 당황하는 것이다.

숲속을 거니는 동물들의 마음은 아마도 우리와는 전혀 다를 것이다. 사는 곳이 곧 삶이 벌어지는 곳이요, 모든 곳이 집이자 길이자 일터다. 특별히 지나칠 곳도 없고, 특별히 머물러야 할 곳도 없다. 귀환을 기정사실화하는 우리와 달리 그들은 아침에 집을 나서며 다시 돌아오는 걸 당연하게 여기지 않을 수도 있다. 헨리 데이비드 소로는 귀환을 전제로 하지 않고 산책을 나섰다고 한다. 하물며 애초부터 정해진 집 없이 사는 동물들은 오죽하겠는가. 그렇다고 엄밀한 의미에서 완전한 나그네는 아니다. 보통 자신의 행동반경이 있고, 가다 보면 경쟁자도 있기에 아무 곳이나 막 다닐 수는 없다. 종에 따라 그 범위가 천차만별일 테지만, 친숙한 동네를 이리저리 배회하면서 사는 것이 보통이다. 사는 곳 안에서 모든 먹이를 조달하기 때문에 아주 좁은 곳에 국한되어 살 수는 없다. 나를 먹여 살릴 만한 나보다 조금 더 큰 우주를 설정하고 그 안을 계속 맴돈다. 숲속의 오래된 터줏대감들이다.

우리로 치면 한 고장의 토박이들인 셈이다. 이들은 모두 누가 누군지 빠삭히 알고 있다. 멀리서 보여도 바로 알아보고 웬만한 얘기도 척하면 척이다. 오랫동안 한곳에 지내면 모두가 아는 사이가 되는 것이 우리 인간들의 특징이다. 그러나 이점에서도 동물들은 무척 다르다. 터줏대감끼리는 서로 모르는 사이, 아니 알고 모르고 할 것도 아닌 사이들이 대부분이다. 가령 고라니와 어치가 아무리 대대손손 같은 곳에 살았어도 일면식이 있을 리 만무하다. 어치가 나무에서 딴 열매를 어쩌다 떨어뜨려 고라니에게 예기치 않은 간식을 줬더라도 아마 고맙다는 인사 한 번 없었을 것이다.

여러 종이 한곳에 중첩되어 사는 것이 기본 상태인 숲에서 서로 잘 알고 모르고는 관건이 아니다. 워낙 다양하므로 일일이 알 수도, 알 필요도 없다. 모두 안다는 것 자체가 다양성이 부족하다는 뜻이다. 혹은 다양할지라도 그것을 드러내지 않고, 세상이 요구하는 하나의 부분집합만을 보여주고 또 보기 때문에 모두가 모두를 알게 되는 것이다. 숲 생활의 한 가지 묘미는 누가 얼마만큼 사는지 완벽히 아는 것은 불가능하다는 데에 있다. 생각지도 못했던 거주민들이 발밑에서, 덤불 뒤에서, 머리 위로 불쑥 나타난다.

겉으로는 티가 나지 않는다. 다들 최대한 숨어 살려고 하기에 웬만해서는 아무도 없는 듯하다. 거주민들 중에는 서로 먹고 먹히는 관계인 이들도 있다. 그러므로 몸을 사리며 지내는 것이 일반적이다. 분명히 어딘가 존재하지만, 그렇지 않은 척하는 긴장 속에 고요함이 흐른다. 그러다 어디선가 누군가 나타난다. 어슬렁어슬렁 두리번두리번. 자신이 내는 소리 외에는 조용하다. 마치 침묵의 불문율을 깬 이단아처럼 홀로 움직인다. 하루의 대부분은 이런 고독함 속에서 보낸다.

그러다 기척이 느껴진다. 바스락거리는 소리가 들려온 쪽은 저기. 아니나 다를까 나뭇잎이 심상찮게 흔들린다. 바람에 날리는 식물성 움직임이 아닌, 짐승이 만들어낸 동물성 움직임이라는 것이 감지된다. 위험한 놈일까? 혹시 모를 경우를 대비해 다리에 힘을 준 채 만발의 준비를 한다. 휴 다행이다. 쟤구나. 쟤가 누군지는 모른다. 나랑 별 관계가 없다는 것 외에는. 지난번에도 저쪽 산기슭에서 한 번 마주친 것 같은데 걔가 쟨지 아닌지……

이런 장면을 목격하기란 쉽지 않다. 동물들끼리 우연히 눈을 마주한다 해도 보통은 아주 찰나에 그치기 때문이다. 아주 찰나로 그치기 때문이다. 하루 일과가 바쁜 동물들은 별 볼 일 없는 일에 시간을 허비하지 않는다. 하지만 찰나일지라도 그들은 서로 엄연히 바라본다. 가령 나는 인도네시아 밀림의 높은 나무 위에서 긴팔원숭이와 랑구르원숭이가 서로를 쳐다보는 장면을 본 적이 있다. 그들은 마치 "네가 여기 웬일이냐"하는 식의 눈빛을 보내는 것 같았다. 어쩌면 긴팔원숭이가 있던 나무에 잘 익은 과일이 많아, 랑구르원숭이가 그들이 떠나기만을 기다리고 있었는지도 모른다. 나무 기둥에서 다람쥐와 딱따구리가 마주치는 사례도 있다. 둘 다 나무를 자유롭게 타는 전문가들이라 서로의 존재를 잠시나마 인지하는 그 순간이 흥미로웠다. 운이 좋으면 사람과 마주하기도 한다. 아마존 열대우림을 밤중에 탐험하다 만난 바위만 한 두꺼비, 덴마크의 눈 내리는 정원에서 마주친 붉은여우. 내가 영원히 기억 속에 간직할 장면들이다.

먹지도 먹히지도 않고, 딱히 공생도 경쟁도 아닌 관계. 한 마디로 별 볼 일 없는 사이끼리의 만남이 숲에서는 매일 일어난다. 볼 일은 없지만 우연히 볼 일이 생겨버렸다. 맞닥뜨리는 일이 흔치 않은 숲에서 이렇게 마주쳤으니까. 마주치면 응시한다. 자기 나름의 방식으로. 새처럼 옆으로 보든, 삵처럼 앞으로 보든. 눈이 코보다

뒷전인 애들은 주둥이 끝을 실룩실룩. 이렇게 만난 것도 인연人緣이 아닌 생연生緣인 두 개체가 잠시 서로에게 집중한다. 아무런 해프닝도 일어나지 않고 생태계에 아무 영향도 주지 않는 이 신비로운 몇 초는 그들이 서로를 같은 커뮤니티의 일원으로 인지하는 순간이다. 숲 생활의 멋과 여유다.

잘 아는 지인을 만나 얼싸안고 이야기꽃을 피우는 것도 좋지만, 나와 완전히 다른, 전혀 알지 못하는 생물과의 우연한 만남에도 그만의 매력이 있다. 의사소통은 되지 않더라도 딱 한 가지만은 분명히 통한다. 서로를 살아있는 존재로 본다는 사실이다. 그래서 신경을 집중해서 돌이나 낙엽과는 달리 대하는 것이다. 한쪽의 사라짐으로 끝나버리는 이 짧은 만남. 별 볼 일 없는 사이라도 마주치면 응시하는 행위 속에서 서로에게 전하는 '너도 살아있구나'라는 메시지가 신비하고도 소중하구나.

자연을 대하는 이분법 탈피하기

개가 사람을 물면 뉴스 거리가 되지 않지만, 사람이 개를 물면 뉴스가 된다는 속담이 있다. 통상 일어나는 평범한 일보다 특이하고 흔치 않은 일이 세간의 소식이 된다는 의미다.

그런데 요즘 기사로 보도되는 것은 오히려 개가 사람을 무는 사례들이다. 개를 무는 사람 소식이 들리지 않는 건 다행이지만, 위의 격언이 말하고자 하는 바와는 달리 사람이 개에게 물리는 일은 더는 평범하게 여겨지지 않는 모양이다. 옛날이었다면 동네에서 잠시 떠들고 말 일이 지금은 매체를 타고 온 나라에 퍼지는 걸 보면.

개만이 아니다. 어떤 동물은 그저 출현하는 것만으로도 크나

큰 사건이 된다. 산에서 내려온 멧돼지 한 마리가 도심에 출몰하면 그 도시도 뉴스도 난리가 난다. 어느 빌딩이나 사무실 안으로 비둘기가 날아 들어오면 뉴스엔 나지 않겠지만 그곳은 순식간에 아수라장이 된다. 그 조그만 새는 자신이 아비규환의 원인 제공자인 줄은 꿈에도 모르고 콩닥거리는 가슴을 가라앉히려 구석을 찾아보지만 가는 곳마다 비명이다. 바퀴벌레나 쥐 같은 녀석들은 물론 말할 것도 없다. 어느덧 반려동물이 아닌 동물은 모두 문전박대의 대상이다.

사람들은 그들이 선을 넘었다며 항변한다. 인간의 공간에 들어오는 동물까지 그럼 환대해야 하느냐, 그들은 그들의 살 곳인 자연에 머물면 되지 않느냐 주장한다. 각자가 각자의 영역을 지키기만 하면 문제가 되지 않을 거라고 말이다. 그러나 바로 그 지점이 중요하다. 각자의 영역을 지키지 않은 건 그들이 아니라 우리이기 때문이다. 도시는 도시대로, 시골은 시골대로 개발의 광풍은 그칠 줄 모른 채 전국에 휘몰아치고 있다. 마트, 공장, 골프장, 전원주택, 농지, 축사, 쓰레기 매립장 등이 지어지는 곳은 처음부터 아무것도 없는 나대지가 아니었다. 사실 나대지라는 말 자체가 그곳에 자리 잡은 생태계와 수많은 생물에 대한 무지이자 모욕이다.

당신이 사는 곳이 어디든 주위를 둘러보라. 있는 그대로의 자연이 펼쳐진 풍경이 보이는 이는 아마 극소수일 것이다. 만약 풍부한 자연에 둘러싸여 있다고 해도, 그것은 오히려 그만큼 그가 자연을 침범한 인공 시설물에 있음을 의미하지, 자연을 대폭 수용하여 건설된 대안적 녹색 도시에 있음을 뜻하진 않을 것이다. 그런 곳이 실제로 있다면 그거야말로 특종 기삿거리로 쓰일만 하다. 접근하기 좋은 평지는 이미 전부 인간의 차지가 된 지 오래고, 울퉁불퉁한 산지도 웬만한 중턱까지 건물과 농지와 무덤이 차올라 있다. 내륙의 습지는 메워버리고, 해안가는 흙으로 채워가며 모두 평평한 땅으로 바꿔놓는다. 어디 하나 예외 없이 다 차지하려는, 참으로 이기적이고 이상한 생물의 행태다.

눈 씻고 찾아봐도 반대의 경우는 없다. 사람이 차지했던 땅을 자연에 내준 적이 있는가? 떠오르는 사례로는 인간이 망쳐놓은 뒤 도망간 체르노빌 말고는 없다. 이쯤 되는데도 동물이 인간 쪽으로 넘어온다고 불평하는 건 사태를 완전히 거꾸로 보고 있는 셈이다. 우리가 그들의 집으로 계속 쳐들어가기 때문에 어쩌다 동물이 출연하는 것이다. 그나마 살아있는 몇 안 되는 녀석들이나 보이는 것이지, 나머지는 이미 죽어서 건물 아래로 파묻히거나 다른 곳으로 쫓겨나버렸다. 궁지에 몰릴 대로 몰린 동물의 처지에서 보면 이건 해도 정말 너무하는 것이다. 어쩔 수 없는 상황에서 내몰리듯 도시로 나온 것인데, 그를 보며 사람들은 비명을 지르고 난리다. 이 얼마나 황당무계한 경우인가?

세상을 다 차지하는 것도 문제지만, 다른 생명을 배척하는 게 더 큰 문제다. 어딘가를 차지하고 있다고 해서 그곳을 꼭 철저하게 점유해야 하는 건 아니다. 여기저기에 풀이 나고, 간혹 이런저런 동물이 들르는 것이 무슨 문제인가? 전방위적으로 짱짱하게 방충망을 치고, 물 샐 틈 없는 경비시스템을 작동시켜야 직성이 풀리는가. 이런 식으로 살 이유는 없다. 지극히 사적인 주거 공간에 한해서 정 필요할 경우에만 독점권을 추구하고 나머지 부분은 열어두어야 한다.

농업에 종사하는 이들은 모르는 소리 말라 한다. 힘들게 가꾼 밭을 동물이 엉망으로 헤집어놓았을 때 그걸 발견하는 심정이 어떤 건지 아느냐고 토로한다. 나는 아주 작은 텃밭만을 가꿔 보았으니 그 심정을 모를 것이다. 그러나 심정을 모르기로는 농부도 마찬가지다. 점점 더 죄어오는 인간의 왕국으로부터 어떻게 도망쳐야 할 지 모르는 동물들의 심정을 그 누가 알겠는가? 자신들의 집 바로 옆에 자라난 농작물 중 무엇은 먹어도 되고 무엇은 안 되는지 알 턱이 있겠는가? 어차피 자연에는 '된다'라는 개념 자체가 없는데.

고구마를 캐 먹은 멧돼지나 고라니를 원망하는 그 마음에게, 나는 산에서 내려온 맑은 물과 공기 그리고 토양의 자연 비료는 얼마나 고마운 것인지 아느냐고 묻는다. 자연으로부터 무상으로 누리는 혜택은 당연하게 받아들이면서 자연으로부터 찾아오는 다른 방문자는 보이는 족족 내쫓으려는 심리는 앞뒤가 맞지 않는다. 자연의 생산성과 재생력을 활용하고 싶다면, 자연의 풍광과 정취를 느끼고 싶다면, 자연을 온전한 전체로 받아들이는 철학과 함께 자연 곁으로 가야 한다. 꽃밭과 그늘은 반기고, 벌레와 짐승은 멀리하는 사고방식을 탈피해야 한다.

산이 좋으면 모기 한 마리도 죽이지 말라는 뜻이 아니다. 내 몸을 보전하는 행위조차 자연을 배척하는 것으로 해석한 자연주의자는 없었다. 세상은 원래 함께 나눠 쓰는 것이며, 인간이 배불리 먹기 위해 나머지 생물이 굶주려야 하는 건 아니라는 의미다. 자연에서는 주인과 손님이 따로 있지 않다. 그러므로 불청객도 없다. 어차피 누구도 초대 받아서 오는 것이 아니니 말이다.

하늘이 높고 화사한 날, 돗자리와 바구니를 챙겨 야외로 향한다. 이런 날 실내에 틀어박히는 건 정말 못 할 짓이다. 푸른 잔디밭을 찾아 자리를 잡고, 햇빛과 산들바람 맞으며 보온병과 도시락 뚜껑을 연다. 세상에 걱정 하나 없는 이 기분. 늘 오늘 같기만 해라, 속으로 혼잣말도 해본다. 이때쯤 그들이 찾아온다. 하나가 둘, 둘이 여럿이 된다. 개미, 벌, 등에, 파리가 파티에 가세한다. 물론 모기도 빠지지 않는다. 참새와 까치와 다람쥐는 우리가 가고 난 다음을 침착하게 기다린다. 그러고도 남는 음식은 지렁이들의 차지다.

다른 생물들이 사는 곳에 가서 하는 소풍에 그들이 끼어드는 것은 당연하다. 어떻게 소식을 들었는지 손수 찾아온 이들에게 이왕이면 친절로 대하자. 정 안 되겠으면 한 번씩 손을 휘저을 지언정 적대시하거나 비명을 지르진 말자. 그들도 불쑥 찾아온 우리를 조용히 응대하고 또 인내하고 있다는 사실을 잊지 말자. 살아있다는 건 불청객과도 소풍을 즐길 줄 아는 것이니까.

동물축제 반대축제

축제! 그것은 지루하고 반복적인 일상으로부터의 탈출을 의미한다. 그래 봤자 하루 이틀뿐이라는 것은 핵심이 아니다. 단 하루만이라도 평소와는 다른 기분과 분위기로 삶이 그저 그렇지만은 않다는 것을 세상 전체에게 보여주는 날이 바로 축제다. 마음껏 놀고 자유와 끼를 발산하는 자리. 동시에 그저 먹고살기 바쁜 평소와는 달리 우리 사회와 문화의 가치를 되새기고 드높이는 시간이기도 하다. 삶에 대한 축복과 축하가 축제의 정신이다.

그런데 이러한 축제의 정신에 지극히 반하는 축제가 이 땅에 번성하고 있다. 다름 아닌 동물축제다. 고래, 낙지, 광어, 나비, 산천어 등 하나의 동물을 내세운 특정 지방의 축제들이다. 어찌나 우후죽순 생겨났는지 이 땅과 바다에 사는 웬만한 동물이라면 그의 이름을 딴 축제가 전국 어딘가에 하나씩은 있을 정도로 즐비하다.

축제의 이름으로 동물이 전면에 쓰이므로 얼핏 봐서는 동물이 주인공 같다. 동물에 집중한 콘텐츠가 주를 이룬 축제들이니까. 하지만 실상은 전혀 다르다. 주인공은커녕 대상 동물이 철저히 이용당하고 고통받는 축제가 열린다. 동물의 안녕과 복지에는 완전히 무관심하면서, 동물의 이미지와 그로부터 얻을 수 있는 경제적 이득만을 탐하는 이중적이고 비윤리적인 행위들이 축제라는 이름으로 자행되고 있다.

누군가는 축제에서 웬 윤리 타령이냐고, 다들 즐겁게 지내면 된 것 아니냐고 반문한다. 천만의 말씀이다. 축제도 엄연히 누군가가 벌이는 사업이며 여느 일과 마찬가지로 올바르게 수행되어야 한다. 물건을 만들어 팔든, 축제 입장권을 팔든 경영, 노동, 환경 등 모든 분야에 걸쳐 사회가 지향하는 가치를 드높이는 방향으로 사업을 운영해야 할 의무가 있다. 축제라고 해서 모든 책임이 면제되지 않는다.

그것만이 아니다. 축제는 문화의 꽃이다. 축제는 한 사회가 그들이 추구하는 삶의 방식을 자축하고 가치를 재생산하는 기념비적인 시간이다. 그 과정에서 때로는 평소엔 할 수 없는 행위를 하기도 한다. 가령 서로에게 마구 토마토를 던지는 것 같은. 넘치는 에너지와 자유로운 예술혼을 발산하는 자리이기도 하다. 그러나 궁극적으로 축제는 탈선과 발산이 아니라 사회적 조화와 수렴의 방향을 추구한다. 그래서 사회 구성원들을 한데 묶는 소중한 가치가 축제의 핵심이 된다. 이것이 후대에도 계속 이어지면서 문화로서 축적되고, 이를 통해 축제는 그 지역사회를 상징하는 무엇으로 자리 잡는다.

같은 이유로 축제는 시간에 따라 변화한다. 한때 즐겼던 것도 지식과 정보가 늘어남에 따라 교양과 지평이 넓어지면서 중단되거나 다른 방식으로 승화된다. 인종이나 출신을 중심으로 하던 축제가 점점 설 자리를 잃는 이유다. 후대에도 계속 전해지기 위해서는 교육적 가치가 담보되어야 하기에 사회의 성장과 보조를 맞춘다.

가령 벨기에 이프레스에서 열리는 고양이 축제에는 잔인하고 아찔한 역사가 있다. 19세기의 이 축제에서는 교회 첨탑 위에서 고양이를 떨어뜨리는 관습이 있었다. 넘치는 쥐 덕분에 개체 수가 너무 많이 불어난 데다가 당시의 미신과 얽혀 고양이는 퇴치의 대상으로 여겨졌기 때문이다. 그러나 1817년 탑에서 던져진 고양이를 마지막으로 이 관습은 종지부를 찍었다. 이후로는 고양이 모양의 봉제 인형이 살아있는 고양이를 대체했다.

그런데 21세기인 현재 동물의 이름으로 벌어지는 웃지 못할 축제들이 여전히 존재한다. 웃지 못할 이유는 명확하다. 대부분의 동물축제는 동물에게 축제의 시간은커녕 지옥 같은 시간만을 선사하기 때문이다. 산천어, 낙지, 오징어, 고래 등의 동물축제 모두 동물을 잡거나 먹는 데에만 관심을 둔다. 당연히 동물의 보전과 복지에는 무관심하다.

대표적인 사례가 생태 도시, 고래 특구를 표방한 울산 고래축제다. 살아있는 고래를 구경한 후 고래 고기를 먹는 고래축제는 세계에서 이곳이 유일하다. 그렇지 않아도 울산은 고래가 죽어 나가는 도시다. 상업 포경이 금지되어 있음에도 불구하고 축제장과 고래연구센터 앞 수십 개 식당들은 안정적으로 고래 고기를 공급받고 있다. 혼획으로 매년 정식 유통되는 고래가 80마리인 것으로 보고되는데, 그렇다면 나머지는 불법 유통이 아닐 수 없다. 또한 고래축제 내에 뮤직 페스티벌, 물놀이, 벨리댄스, 맥주파티 등 수많은 프로그램이 있지만 고래 보호에 관한 콘텐츠는 전혀 없다. 겨우 구색을 맞추기 위한 것으로 보이는 고래학교 같은 프로그램이 있지만, 이것도 기초 상식 전달 수준에 그친다. 게다가 체험관 같은 곳에서는 고래를 가두기까지 한다. 돌고래를 방류하는 전세계의 추세에 한국도 합류하긴 했지만, 장생포 고래생태체험관에서는 여전히 돌고래 여러 마리를 좁은 수족관에 가둔 채 축제의 초라한 일부로 전시하고 있다.

가장 성공한 지역 축제로 꼽히는 화천 산천어축제는 더 하면 더 했지 둘째 가라면 서러운 사례다. 하천천에 물막이 보를 설치해 강의 상류와 하류를 완벽하게 차단하는 등 축제를 위한 준설 공사로 상수원보호구역인 화천천의 생태계는 파괴되어간다. 게다가 산천어는 원래 화천에 자생하는 어류도 아니다. 영동지방에만 있는 종을 오직 축제를 위해 인공적으로 운반해오는 것인데, 전국 17개 업체가 생산한 양식 산천어들을 납품받아 축제에 활용한다. 고밀도 사육과 수송 과정에서 산천어는 많은 스트레스에 시달린다. 축제가 열리는 약 3주간 동안 대략 산천어 33~50만 마리가 희생되는데, 자연 상태와는 비교 불가한 밀도 속에서 고통스럽게 살다가 낚이거나 폐사한다. 축제의 하이라이트로 진행하는 '맨손잡기 행사'에서는 살아있는 산천어를 마구 손으로 움켜쥐고 산 채로 비닐봉지에 넣어 멀리 던지기까지 한다. 이건 빙산의 일각이다. 목록은 계속 이어진다.

이를 더는 좌시할 수 없어 여러 단체가 힘을 모았다. 2018년 7월 7일 불광동 서울혁신파크에서 '동물축제 반대축제'를 연 것이다. 이 축제는 동물을 죽이는 대신 살리고, 잡는 대신 상상하고 이야기하는 장이다. 아이들에게 생명을 재미로 죽이거나 괴롭히고 함부로 대하는 것을 가르치는 반생태적, 반환경적, 반생명적 축제에 반대하는 대안 동물축제다. 동물을 잡거나 먹거나 괴롭히는 대신 살리고 지키며 즐기는 진짜 동물축제가 가능하다는 것을 보여주기 위해 만들어졌다. 참가자들은 축제장에서 하나의 동물이 되는 게임에 참여하고, 동물 연극을 관람하며, 동물 보전과 생태를 체험으로 배우고, 동물을 주제로 한 벼룩시장에서 물건을 고르기도 했다. 물론 음악과 공연도 빠지지 않았다.

주최 측의 예상을 훌쩍 뛰어넘는 많은 인원의 참가로 동물축제 반대축제는 성황리에 치러졌다. 나름의 이 성공이 뜻하는 바는 다른 무엇보다도 '가능성'이다. 세상이 변화하고 발전할 수 있다는 가능성 말이다. 동물 한 마리 괴롭히지 않고 수백 명의 사람들이 동물을 주제로 신나게 축제를 벌일 수 있다면 이는 다른 어떤 곳에서도, 다른 축제에서도 얼마든지 가능하다는 걸 의미한다. 평소에 할 수 없던 것들도 축제에서라면 할 수 있다. 축제이기 때문에 진정으로 '모두'를 위할 수 있다. 결국, 모든 것은 살아있음에 대한 축제다.

언젠가 죽는다는 건

사랑한다는 건 슬픔을 저축한다는 의미다. 좋은 시간과 추억이 많으면 많을수록 시간이 흘러 헤어짐이 찾아왔을 때 슬픔은 더 깊게 사무친다. 즐거운 한때를 보내는 와중에도 이런 생각을 하는 것은 아니다. 그러나 문득 마음 한구석으로는 슬픔의 잔고가 차곡차곡 쌓이고 있음을 감지하게 된다. 아, 언젠가 사랑하는 가족과 친구 들을 생각하며 그동안 모은 걸 한 번에 인출하겠구나. 과연 내가 감당할 수 있을까.

그러나 슬픔이 나쁘기만 한 것은 아니다. 인생에서 가장 감동적인 순간은 그것이 어떤 맥락이든 결국 슬픔으로 귀결된다는 것이 내 경험이다. 눈부시게 아름다운 자연을 목도할 때도 흥분과 신비함과 기쁨이 찾아왔다가 가신 뒤에 가슴에 차오르는 것은 슬픔이었다. 어쩌면 이 감정에 붙일만한 마땅한 이름이 없어 슬픔이라 부르는지도 모른다.

포르투갈에는 '사우다지saudade'라는 단어가 있다. 이 단어의 정확한 사전적 번역은 불가능하다고 하는데, 굳이 해석하자면 '현재 존재하지 않거나 존재할 수 없는 대상에 대한 모호하면서도 지속적인 그리움'쯤 된다. 본인도 정확히 무엇인지 모르는 대상에 대한 슬픔과 비슷한 의미일까. 단순히 슬프다기보다는 뭔가를 오롯이 진하게 느낀다는 느낌과 더 가까운 뜻으로 짐작된다. 해상국가로서 가족과 멀리 떨어지는 삶의 애환을 유달리 진하게 느껴서일까. 그러고 보면 우리의 '한'의 정서와도 통하는 무엇인지도 모른다.

동물들도 다르지 않을 거라고 나는 생각한다. 감각과 지각이 살아있는 이상 그들도 뭔가를 오롯이 진하게 느끼며 살고 있을 것이다. 해류를 타며 유영하는 거북이도, 이글거리는 노을을 바라보는 원숭이도, 세찬 바람에 들판과 함께 나부끼는 사슴도. 생존을 위한 경계를 늦추지 않는 와중에도 그윽한 눈빛으로 세상을 관조하며 삶을 생각하리라 믿는다. 그리고 그 생각은 아마 죽음과 닿아있을 것이다. 의식적이든 무의식적이든 생명은 알고 있다. 모든 것이 끝날 수 있다는 것을. 아니 끝나리라는 것을. 언젠가 죽는다는 것을.

나는 평소 주변 사람들에게 이야기해왔다. 내가 죽으면 나를 하이에나에게 주라고. 우리나라가 하이에나의 서식지가 아니므로 반은 농담으로 한 말이지만 반은 엄연히 진담이다. 죽어 쓸모없어진 육신이 야생동물의 먹이가 되어 자연의 일부로 순환된다면 그보다 좋을 게 없다고 나는 생각한다. 굳이 하이에나를 고른 건 그들이 다른 어떤 동물보다 자원을 효율적으로 이용하기 때문이다. 하이에나는 턱의 힘이 워낙 강해 뼈를 으스러뜨려 그 안의 골수까지 먹을 수 있다. 사회가 하이에나에게 입힌 부정적인 이미지는 그들의 이런 훌륭한 생태적 특성을 전혀 이해하지도 반영하지도 않은 무지의 소산이다.

실제로 하이에나를 섭외해야 하는 실무적 어려움을 가족에게 남기고 싶지 않아 여전히 고민이지만, 동물의 먹이가 되어 마지막 기여를 하고 싶은 나의 마음은 변함이 없다. 이런 생각을 불경스럽게 여기는 관점도 사회적으로는 어느 정도 이해하지만, 본질적으로는 이해가 가질 않는다. 태우든 관에다 넣든 궁극적으로는 우리는 모두 자연으로 돌아가게 되어있다. 동물이든 미생물이든 곰팡이든 그들이 내 몸을 먹고 분해를 해야 몸을 구성하던 영양분이 자연이 재사용할 수 있는 형태로 복원된다. 이는 너무나도 자연스러운 과정이다.

살아있다는 건 언젠가 죽는다는 것이다. 삶과 죽음처럼 전혀 다른 두 가지가 함께 성립해야만 모든 게 가능하다는 사실은 참으로 신비롭다. 생 자체가 어떤 한정됨을 바탕으로 가능하다는 사실도 오묘하다. 아름다우면서 슬프다.

가장 아름다우면서 슬픈 건 그 모든 것으로부터 빗겨 있는 이 세상 대부분의 생명체들이다. 언제 살았는지 죽었는지 누구도 알지 못하고 기억하지 않는 무수한 생명들. 혼자 고독하게 병치레를 하다 죽음이 가까운 걸 직감하고 어두운 굴속에 제 발로 걸어가 마지막 순간을 조용히 맞이한 많은 동물. 평생 한자리에 박혀 모진 계절의 변화와 사람의 손길을 맞다가 조금씩 시들시들해진 많은 식물. 그리고 이들보다도 더 무명으로 살다 간 곰팡이와 조류와 미생물 들. 눈물 흘리는 이 하나 없이 멋지게 살다 돌아간 생명의 장구한 행렬에 귀를 기울여본다. 나의 때는 언제인지.

그때가 오기 전까지 살아있음에 집중하련다. 생명을 살리고, 음미하고, 칭송하고, 보호하는 일에. 살아있다는 것에 대해 말할 수 있는 시간도 너무나 짧으니까.

살아있다는 건, 이다음에 무엇을 붙여도 좋다. 웬만한 일은 다 살아있기에 그러한 것이니까. 살아있다는 것을 이야기하는 일이 좋다. 이제 시작일 뿐이다.

영국 케임브리지에서

살아있다는 건

내게 살아있음이 무엇인지 가르쳐 준 야생에 대하여

1판 1쇄 발행 2020년 9월 21일
1판 3쇄 발행 2022년 11월 29일

지은이 김산하
편집부 김지하 | 디자인 여름과 가을

펴낸이 임병삼 | 펴낸곳 갈라파고스
등록 2002년 10월 29일 제13-2003-147호
주소 121-897 서울시 마포구 월드컵로196 대명비첸시티오피스텔 801호
전화 02-3142-3797 | 전송 02-3142-2408
전자우편 galapagos@chol.com

ISBN 979-11-87038-61-0

이 도서는 한국출판문화산업진흥원의 '2020년 출판콘텐츠 창작 지원 사업'의 일환으로
국민체육진흥기금을 지원받아 제작되었습니다.
이 도서의 국립중앙도서관 출판예정도서목록(CIP)은 서지정보유통지원시스템
홈페이지(http://seoji.nl.go.kr)와 국가자료공동목록시스템(http://www.nl.go.kr/kolisnet)에서
이용하실 수 있습니다.
(CIP제어번호 : CIP2020038526)

갈라파고스 자연과 인간, 인간과 인간의 공존을 희망하며, 함께 읽으면 좋은 책들을 만듭니다.